Advanced Steel Construction No.01

강구조 글레이징 시스템

Steel Supported Glazing Systems

POSCO RIST 재단법인 포항산업과학연구원 Research Institute of Industrial Science & Technology

발간사

우리나라에서 건설기술은 과거 눈부신 국가 발전의 근간이 되었던 기반 산업으로서, 나아가 사회, 경제의 뒷받침이 되는 기틀로서 국가 선진화의 한 축을 담당하고 있는 주요한 역할을 하고 있습니다.

최근 국내, 외에서는 100층 이상의 초고층 건축물, 초장대 교량 등 첨단의 건설기술을 선보이는 사례를 많이 볼 수 있습니다. 건설기술은 반도체, 자동차 등 타 분야의 기술과 마찬가지로 여러 가지 첨단 기술이 집적되는 주요한 분야로서 최근 눈부신 사례의 이면에는 고도의 엔지니어링 기술이 뒷받침 되고 있음을 알 수 있습니다. 강구조 기술은 이러한 분야에서 매우 필수적이고 주요한 기술입니다. 건설산업의 제반 분야에서 점점 더 고도화된 엔지니어링이 요구됨에 따라 이에 강구조 기술의 활용은 더욱 더 그 중요성이 부각되고 있습니다.

기술을 자유로이 이용하기 위해서는 무엇보다도 그 기술에 대한 깊이 있고 적절한 이해를 필요로 합니다. 이러한 이해의 근간에는 지속적이고 체계적인 기술의 축적과 이에 대한 적절한 보급이 요청됩니다. 그러나, 우리나라의 경우에는 세계적인 건설기술 위상에 걸맞지 않게 기술의 축적과 공유는 매우 부족한 실정이며, 강구조 분야에서도 이러한 상황은 마찬가지라 할 수 있습니다.

포스코는 1996년 포항산업과학연구원 강구조 연구소를 개소한 이래 국내 강구조 기술의 발전을 위하여 많은 노력을 기울여 왔으며, 금번 국내 건설기술 선진화의 일환으로서 선진 강구조 기술의 보급과 적용 확대를 위하여 SCI(Steel Construction Institute)에서 출간하고 있는 강구조 기술 시리즈를 발간, 지원하게 되었습니다. 영국은 강구조의 전통이 깊은 나라로서 다채롭고 풍부한 강구조물의 역사를 보유하고 있으며, 특히 SCI 는 강구조 전문 연구기관으로서 건축 및 토목 분야에서 강구조물의 신기술 개발 및 보급에 앞장을 서고 있습니다. SCI의 기술자료는 건축 및 토목 강구조물에서 가장 기본적이고도 긴요한 기술적 사항들을 다루고 있으며, 아울러 최근의 선진적 연구 사례들을 포함하고 있어 국내의 실무자 및 교수, 건축 및 토목을 공부하는 학생들에게 좋은 지침이 되리라 생각합니다.

향후 강구조 기술과 관련한 제반 분야의 SCI 기술자료는 일련의 시리즈물로서 지속 소개될 예정입니다. 금번 기술자료의 발간이 국내 강구조 발전에 알찬 초석이 되기를 기대하며, 끝으로 본 자료의 발간을 지원해 주신 포스코 기술연구원에 다시 한 번 깊은 감사를 드립니다. 향후 우수한 건설인들의 많은 참고와 활용 바랍니다.

포항산업과학연구원 강구조연구소장 **장 인 화**

역자 서문

최근 세계적인 경제위기로 국내의 건설시장과 강구조 건설부문은 많은 어려움과 위축을 겪고 있는 실정이다. 이러한 시점에 세계에서 강구조 활용이 가장 활발한 국가의 하나인 영국의 최신 실무기술을 국내에 소개하여 국내 강구조 건설시장의 활성화에 일조하고자, 포스코 강구조연구소의 지원으로 영국 강구조연구소(SCI, Steel Construction Institute) 기술자료의 제1차 번역작업을 수행하였다.

영국의 강구조 건설분야는 1970년대부터 코러스(CORUS)와 영국강구조연구소(SCI), 임페리얼 대학의 30년간 지속적인 공동연구 및 기술실용화 노력에 힘입어 전 세계에서 가장 활성화되어 있다. 중심역할을 하고 있는 SCI는 건설기술개발 및 강재의 효율적인 적용에 관한 다양한 활동을 하고 있는 비영리 연구기관이다. 주요 연구개발 분야는 건물, 공장, 교량, 사회기반시설 및 해양구조물을 포괄하고 있으며, 강구조 및 합성구조, 경량철골구조, 그리고 모듈러건축과 관련된 많은 실용기술 개발을 통하여 강구조 활성화에 큰 기여를 해오고 있다. 탄소강은 물론 스테인리스강의 구조설계, 동적거동평가, 내화공학, 지속가능한 건축, 가치공학, 정보기술, 음향 및 단열성능 등에 관한 다양한 설계도서 및 지침서를 지속적으로 출간하고 있으며, 현재까지 200여권이 출간되어 실무자에게 많은 호평을 받고 있다.

1차적으로 국내에 가장 파급효과가 클 것으로 기대되는 1) 강구조 글레이징 시스템, 2) 강구조 건물의 신내화설계법, 3) 강구조 바닥진동의 새로운 설계법, 4) 강구조 주거용 건축, 5) PC 슬래브 활용 슬림플로어 설계 등과 관련된 5권의 기술자료를 선정하여 번역작업을 수행하였다. 본 기술자료는 상대적으로 익숙한 미국과 일본의 관련 기술과 대비되는 최근의 유럽 선진기술을 접하는 계기가 될 것이다. 초벌번역에 고생한 서울대 건축학과의 김정재(강구조 글레이징 시스템), 안재권(강구조 건물의 신내화설계법), 한규홍(강구조 바닥진동의 새로운 설계법), 부산대 건축학과의 박해용(강구조 주거용 건축), 그리고 고려대 건축·사회환경공학부의 박세호(PC 슬래브 활용 슬림플로어 설계) 대학원생에게 깊은 감사를 드린다.

2009년 9월

서울대학교 건축학과 **이 철 호** / 부산대학교 건축학부 **오 상 훈**
고려대학교 건축·사회환경공학부 **주 영 규** / 포항산업과학연구원 **백 승 경**

저자 서문

이 가이드에서는 강골조와 다양한 종류의 현대 글레이징시스템 간의 경계부를 다룬다. 이 가이드는 영국강구조협회(Steel Construction Institute)의 연구용역에 의해 WS Atkins에 의해 초안이 작성되었고, 영국상공부(the Department of Trade and Industry), 브리티쉬스틸(British Steel (Tubes and Pipes))과 영국강구조협회에서 연구비를 지원하였다.

본 연구과제의 자문위원은 다음과 같다.

Mr R Gordon	MACE Ltd (Chairman)
Mr R Barton	Barton Engineers
Mr C Beresford	Waterman Partnership
Mr D Burns	Whitby and Bird
Mr M Chester	Michael Chester Associates
Mr J Colvin	Pilkington Flat Glass Products Ltd.
Mr S Conolly	Ian Ritchie Architects
Mr B Yoxon	Glass and Glazing Federation
Dr R M Lawson	The Steel Construction Institute

본 보고서의 저자는 다음과 같다.

Dr P A Ryan	WS Atkins
Mr M Otlet	WS Atkins
Dr R G Ogden	The Steel Construction Institute/Reader in Architecture at Oxford Brookes University

사례연구 자료는 Anthony Hunt Associates, Nicholas Grimshaw and Partners, Ian Ritchie Architects 와 W S Atkins에게서 제공받았다. 본 도서의 원그림은 Oxford Brookes University의 J Wynne과 E Balodimou에 의해 준비되었다. 이 출판물은 '경계부' 에 대한 총서 중 하나이다.

총서에 포함된 다른 출판물은 다음과 같다.

- 강골조 커튼월 접합(Curtain Wall Connections to Steel Frames)
- 강골조 건물의 전기엘리베이터 설치(Electric Lift Installations in Steel Framed Buildings)
- 강재와 다른 재료와의 접합(Connections Between Steel and Other Materials)
- 서비스설비 통합을 위한 강골조건물의 설계(Design of Steel Framed Buildings for Service Integration)

목차

이런 허용오차를 감안한다면 지지 강구조물의 설계와 시방은 일반 강구조물과 다르게 취급할 필요가 있다.

글레이징패널의 구멍위치에 대한 오차, 글레이징지지 연결장치에 대한 제작오차, 설계격자에 대한 글레이징패널의 설치위치에 대한 오차는 글레이징지지 연결장치와 볼트고정부 사이의 접합부에 여유를 두어 수용할 수 있다. 온도효과로 인한 변형도 고려해야 한다.

변위

글레이징패널은 온도효과로 인해 팽창하거나 수축한다. 이동이 제한되면 응력이 발생한다. 따라서 볼트고정부가 글레이징지지 연결장치에 대해 자유롭게 움직이도록 하여, 추가적인 응력이 발생하지 않도록 하는 것이 바람직하다. 일반적으로 수직 또는 경사진 글레이징에서 글레이징패널의 상부 또는 하부에 있는 접합부는 글레이징지지 연결장치에 있는 수평슬롯에 위치시킨다. 이 수평슬롯은 수평이동을 허용하면서도 유리자중을 지지할 수 있도록 한다. 반면에 글레이징패널의 다른 단부에 있는 접합부는 과대구멍(oversized hole)에 위치시킨다. 수평 글레이징을 지지하는 연결장치는 모두 과대구멍을 가질 것이다.

글레이징패널의 처짐은 지지연결부에 대한 회전을 발생시키는데 이를 구속하거나(구속을 해도 발생된 응력이 글레이징 재료의 강도한계를 넘지 않을 때), 그렇지 못하면 글레이징 접합부의 회전이 허용되어야 한다.

지지구조물의 면외변형은 글레이징지지 연결장치에 대한 글레이징패널의 면외회전을 증가시킬수 있다. 반면에 면내이동은 글레이징지지 연결장치간에 하중분배를 변경시킬 수 있다. 글레이징 지지구조물이 부착된 건물요소(대개 주골조)의 이동은 문제를 더욱 복잡하게 만들고, 글레이징과 다른 건물요소간의 교차부에 관련된 갖가지 문제를 발생시킬 수 있다.

하중

볼트어셈블리를 통한 하중전달은 복잡할 수 있다. 글레이징지지 연결장치는 글레이징패널의 자중과 작용하중을 시공 중이나 사용시에 지지구조물로 충분히 전달할 수 있어야 한다. 글레이징지지 연결장치에 작용하는 하중은 시공조건과 지지구조의 변형, 그리고 부재파손시 응력전달경로의 변동에도 영향을 받는다.

1.3. 본서의 용도

본서에 제시된 상세, 접근방법과 정량적 자료는 저자와 자문위원의 경험에 바탕을 두고 있다. 따라서 본서의 사용자는 본서의 정보를 분별력 있게 판단하고 주어진 상황에 맞게 적용하는 것이 매우 중요하다. 본서에서 취급된 기술의 많은 부분이 비교적 최신 정보이므로 아직 설계기준에까지 포함되지 않았다는 점에 유의하여야 한다. 글레이징의 파괴는 심각한 인명손상과 손실로 이어질 수 있기 때문에 글레이징시스템의 설계, 시공 및 사용시에 매우 주의해야 한다.

2. 글레이징패널

2.1. 서냉유리 annealed glass

서냉유리는 적당한 온도로 서서히 냉각(서냉)시킴으로써 유리제품 내에 존재하는 잔류응력을 제거하는 과정을 거친 유리를 말한다. 서냉유리는 일반적으로 플로트 유리(float glass)를 의미하여, 유리물(glass water)을 용융주석조(bath of molten tin) 위로 떠오르게 하여 완전 평면을 이룬 상태에서 판상으로 인출하여 생산된다. 서냉유리는 일반적으로 두께는 3~25mm, 판크기는 대략 3.2m ×6m까지 생산된다. 서냉 공정을 거치면, 유리는 절단 및 가공이 용이해진다. 서냉유리는 파괴될 경우 커다란 조각으로 깨지므로 안전유리로 사용될 수 없다. 또한 내화성능이 부족하다.

2.2. 망입유리 wired glass

망입유리는 한 장의 유리내부에 철망이 삽입되어 있거나 두 장의 유리 사이에 철망이 삽입되어 접합된 서냉유리를 말한다. 망입유리는 철망의 무게에 따라서 내화유리나 안전유리로 사용될 수 있다.

2.3. 강화유리 toughened glass

강화유리(toughened glass or tempered glass)는 서냉유리를 연화점 이상(650~700℃)으로 재가열 후, 급냉시키면 유리 내부가 표면에 비해 온도가 높아진다. 이후 내부가 냉각되면서 수축하게 되어 판의 표면에는 압축력이, 판의 내부에는 인장력이 발생하게 된다.

강화유리는 같은 두께의 서냉유리에 비해 4~5배의 강도를 가진다. 게다가 강도 특성을 보다 신뢰할 수 있다. 이는 변덕스런 유리의 인장강도에 도달하기 이전에 압축프리스트레스(표면쪽)를 상쇄시켜야 하기 때문이다. 또한 강화유리는 서냉유리에 비해 열응력에 대한 저항성이 몇 배 좋다.

강화유리는 내부의 잠긴 인장응력(locked-in tensile stresses)때문에 한계 이상의 충격으로 깨어져도 작고, 모서리가 날카롭지 않은 파편으로 부서져 위험이 없다. 따라서, 안전유리로 간주된다. 강화유리는 잠긴 인장응력으로 인해 절단, 구멍뚫기 등의 이차적인 가공을 할 수 없다는 단점이 있다.

강화유리는 서냉유리에 비해 자연발생적인 파괴가 훨씬 많이 일어난다. 강화를 위한 열처리과정 중 유리내부에 황화니켈이 불안정한 상태로 함유된다. 이 황화니켈은 시간이 지나면서 보다 안정된 상태로 바뀌게 되면서 팽창하게 되는데, 이로 인해 강화유리가 파괴될 수 있다. 이러한 문제는 고급의 원재료를 사용하면 상당 부분 제거할 수 있다.

품질확보 수단으로 강화유리에 열흡수 테스트를 수행할 수 있다. 이러한 테스트는 물성치를 바꾸지는 않지만, 황화니켈 함유물을 가진 대부분의 판유리가 이 시험과정에서 파괴되게 되어 사용중의 파손을 줄이게 된다.

강화유리는 일반적으로 두께는 3~25mm, 판 크기는 (두께에 따라 다르지만) 최대 2m×4.2m까지 사용 가능하다.

2.4. 배강도유리 heat strengthened glass

배강도유리는 종종 반강화유리(semi-tempered glass)라고도 불리는데, 강화유리와 비슷한 공정으로 제조가 되지만, 냉각속도를 다르게 하여 강화 유리보다 작은 잠긴응력을 형성시킨 유리이다. 반강화유리는 같은 두께의 서냉유리에 비해 1.5~2배의 강도를 가진다. 배강도유리는 파손시 서냉유리와 유사하게 깨지기 때문에 안전유리로 사용될 수 없다. 배강도유리는 강화유리에 비해 잠긴응력이 작기 때문에 황화니켈이나 다른 함유물에 의한 자연적인 파손이 훨씬 적은 편이다.

2.5. 접합유리 laminated glass

접합유리는 두 장 이상의 판유리 사이에 내부층을 두어 밀착시켜 생산된다. 내부층은 보통 PVB(폴리비닐부티랄)라고 하는 얇은 플라스틱 판재이다. 서냉유리, 강화유리나 배강도유리로 접합유리를 제작할 수 있다. 접합유리는 파손되어도 내부층의 파편이 조각나거나, 떨어지지 않도록 하기 때문에 안전유리로 사용할 수 있다.

접합유리는 두 장 이상의 판유리 사이에 내부층을 두어 밀착시켜 생산된다. 내부층은 보통 PVB(폴리비닐부티랄)라고 하는 얇은 플라스틱 판재이다. 서냉유리, 강화유리나 배강도유리로 접합유리를 제작할 수 있다. 접합유리는 파손되어도 내부층의 파편이 조각나거나, 떨어지지 않기 때문에 안전유리로 사용할 수 있다.

접합유리는 보통은 판유리 및 내부층의 전체합으로 표시된다(예를 들어, 3-ply는 판유리/내부층/판유리를 뜻한다). PVB 내부층의 두께에 따라 접합유리의 물성치가 달라진다. 접합유리는 팽창성의 내부층을 두거나 망입유리판을 사용하면, 내화성능을 가진다. 유리보 또는 유리 기둥 사이의 접합부는 얇은판(laminates)을 끼워 핑거접합(finger joint)이나 장부접합(tenon joint)을 형성하여 제작될 수 있다.

2.6. 단열유리 insulating units

단열유리는 두 장 이상의 판유리를 결합하여 완전히 밀봉된 유닛을 만들어 생산된다. 판유리 사이의 공간은 보통 공기로 채워져 있고, 간극은 일반적으로 6~

20mm 정도이다【그림 2.1】. 공기는 건조제를 이용하여 건조시킨다. 건조제는 보통 단열유리 가장자리에 위치한 간격재(spacer)에 포함되어 있다. 단열유리의 생산에는 다양한 두께의 서냉유리, 강화유리, 접합유리, 망입유리 또는 배강도유리가 사용된다.

단열유리의 수명은 30년 이상이다. 조기파손의 주된 원인은 변 밀봉재(seal)가 손상되어 내부에 습기가 발생하기 때문이다. 변 밀봉재는 유기물로 만들기 때문에 시간이 지나면 자연적으로 손상된다. 그러나, 판유리의 지지, 풍하중의 전달방식과 방수방식 모두가 사용수명에 영향을 미친다.

단열유리의 볼트구멍을 위한 특별한 상세가 개발되었다. 이 방법에서는 공기의 누출을 막고, 볼트접합에 의한 조임력이나 면외하중에 의한 압축력에 저항하는 내부 간격재를 사용한다【그림 2.2】.

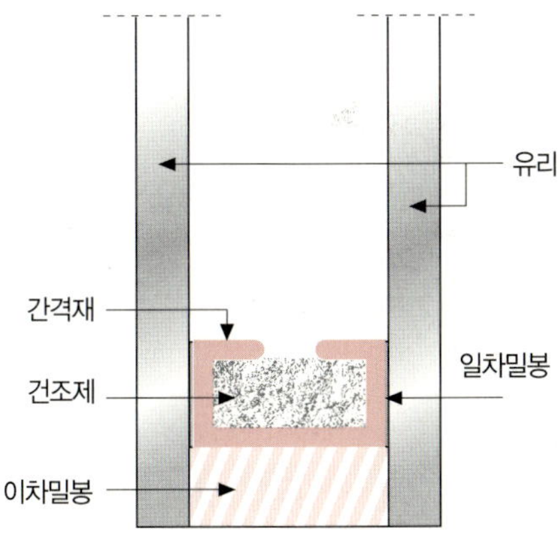

【그림 2.1】 단열유리

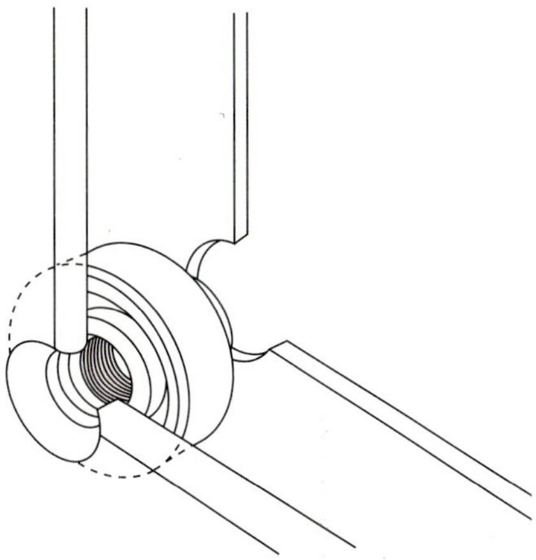

【그림 2.2】 간격재를 사용한 단열유리의 볼트구멍

2.7. 웨더실 weather seals

글레이징패널간의 조인트는 실란트(sealants)를 사용하여 빈 공간을 채우기 때문에 일반적으로 수밀성이 있다.

실란트는 글레이징유닛의 상대적인 이동에 의해 발생하는 인장력, 압축력, 또는 전단력을 받는다. 실란트 접합부가 특별히 깊거나 좁은 경우에는 얕거나 넓은 경우에 비해 변형에 필요한 하중이 크게 된다. 이로 인해 고정부나 지지구조물에서의 힘을 증가시켜서 유리판의 면내힘이 증가하게 된다.

실란트는 정확하게 시방되어야 한다. 예를 들어, '실리콘 실란트를 사용하시오.' 와 같은 시방서는 사용할 수 있는 실란트의 종류가 매우 다양하기 때문에

불충분하다. 방수접합에 사용되는 두 종류 일반적인 단일재료 실란트는 다음과 같다:

- 산성 양생 실란트(acid cure sealants) : 습식 상태에서 실란트 재료가 산성을 띤다.
- 중성 양생 실란트(neurtal cure sealants) : 산성도 알카리성도 아니므로 다른 물질과 반응 할 가능성이 적다.

산성 양생 타입의 실란트는 접합유리의 PVB 내부층과 복층유리의 변 밀봉재에 해를 끼칠 수 있다. 일반적인 실란트 조인트 폭은 10~12mm이다.

2.8. 패널의 사이즈

유리는 최대 3m×6m의 패널로 제작된다. 이러한 패널은 구멍뚫기나 강화 등의 공정에 적합한 크기로 절단된다. 궁극적으로 강화유리의 사이즈는 제작에 쓰이는 받침의 사이즈로 인해 대략 2.1m×4.2m로 제한된다. 정확한 크기는 제조회사마다 다르다. 보다 상세한 자료는 부록에 첨부하였다.

2m×2m까지의 수직 글레이징패널은 일반적으로 4점 코너 접합을 사용하여 지지할 수 있다【그림 2.3】. 반면에 2m×4m까지의 패널은 6점 접합을 사용하여 지지할 수 있다【그림 2.4】. 수평 글레이징패널은 표면에 물이 고이는 것을 방지하기 위해 보다 많은 개소의 지지점을 둘 수 있다.

8점 접합은 그다지 필요하지 않지만, 때에 따라서는 큰 하중이 걸리는 대형 유리패널이나, 수평으로 사용되는 패널을 지지하는데 사용된다. 【그림 2.3】과 【그림 2.4】는 하중 작용시 패널의 변형과 지점 접합부 주변의 국부응력 집중현상을 도시한 것이다.

큰 패널(일반적으로 1.5m×2.5m 이상)의 사용시에는 양중과 설치법을 고려해야 한다. 비계에서 수작업으로 설치를 해야 하는 경우가 빈번하므로 이를 감안해

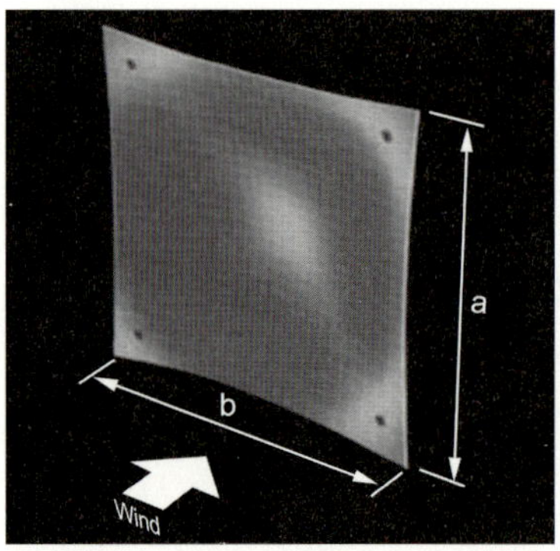

【그림 2.3】 4점 코너가 접합된 패널과 풍하중에 의한 변형 양상

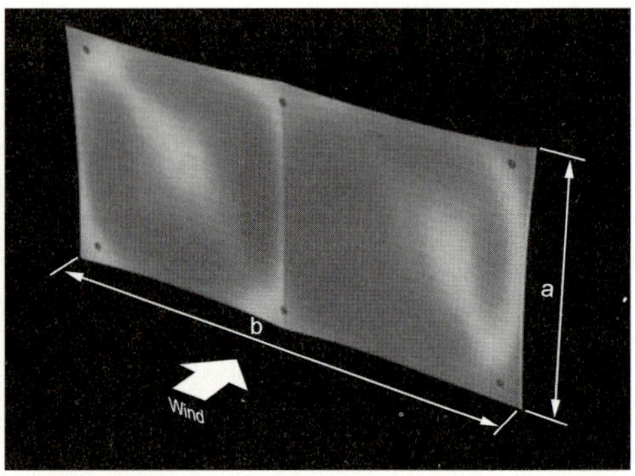

【그림 2.4】 6점 코너가 접합된 패널과 풍하중에 의한 변형 양상

야 한다.

또한 열팽창, 패널 또는 지지구조물의 변형이 초래하는 패널 모서리에서의 변위량에 대한 고려도 필요하다. 일반적으로 모서리 변형은 조인트 폭의 25%(예를 들어, 12mm 조인트에서 ±3mm)가 한계이다. 그러나 적절한 탄성계수를 갖는 실리콘 사용시에는 허용량이 커질 수 있다. 패널이 커지면 변위도 커지므로 각각의 조인트에서 변위가 흡수될 수 있어야 한다.

3. 볼트고정부

다양한 종류의 볼트형식이 사용가능하고, 많은 글레이징지지 연결장치와 함께 결합하여 사용될 수 있다. 일반적으로 정교한 접합형식은 성능은 좋지만 비용이 많이 든다. 고급 원추형접합부(enhanced countersunk fixing)와 관절형 볼트(articulated bolt)는 글레이징지지 연결장치에 대한 접합부의 상대회전을 흡수하는 성능이 뛰어나므로 이런 고정장치는 글레이징패널에 발생하는 모멘트를 감소시킨다.

몇가지 글레이징 시스템에서는 평탄한 외관을 얻고자 원추형 또는 글레이징 면내에 삽입된 형식의 볼트를 사용한다.

3.1. 표준볼트 standard bolt

표준볼트【그림 3.1】는 볼트고정부 가운데 중 가장 단순한 형식이다. 볼트머리는 유리면에 돌출된다.

하중은 볼트의 축부에 유리의 직접지압을 통해 전달할 수 있다. 지압면적을 넓히고, 접촉점에 큰 힘이 걸리는 것을 막기 위해 볼트와 유리 사이에 가급적이면 라이너(liner)를 사용한다. 면외하중 작용시 고정부에 대한 유리의 상대회전을 수용할 수 있는 성능은 거의 없다.

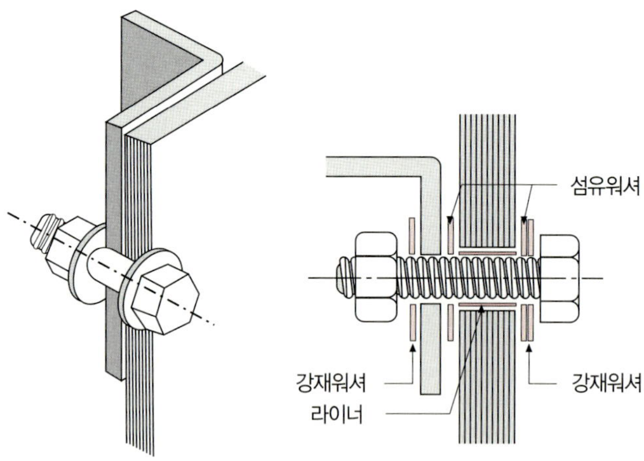

【그림 3.1】 표준볼트

3.2. 단순 원추형볼트 simple countersunk bolt

원추형볼트【그림 3.2】는 볼트머리가 글레이징 면에 매립되어 표면이 평평하다. 구멍뚫기 등의 제작공정상 오차로 인해 표준볼트 상세에 비해 오히려 큰 응력집중이 발생할 수 있기 때문에 면내하중 저항능력을 강화하기 위해 라이너(liner)를 사용하는 것이 바람직하다. 면외하중 작용시 고정부에 대한 유리의 상대회전을 수용할 수 있는 능력이 이 경우에도 거의 없다.

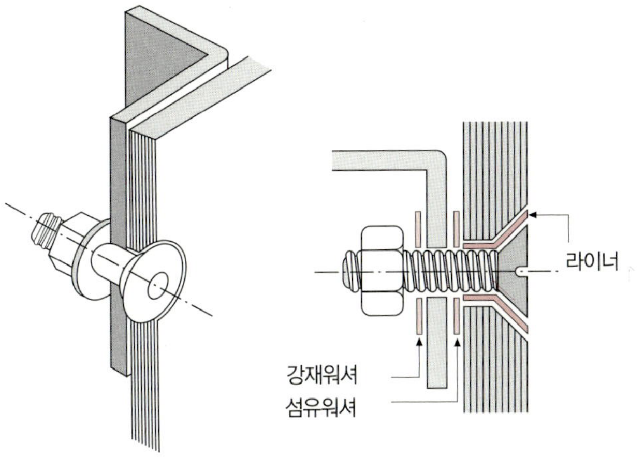

【그림 3.2】 단순 원추형볼트

3.3. 스터드 어셈블리 stud assembly

스터드 어셈블리 상세【그림 3.3】는 백플레이트(back plate)에 연결된 디스크에 의해 큰 면내하중 전달능력을 가진다. 이 디스크는 라이너를 이용해서 밀착시킨다. 원추형볼트를 사용해서 유리를 백플레이트에 부착시킨다. 원추형볼트는 면외하중을 전달하고, 면내하중은 전달하지 않는다. 디스크와 볼트머리는 글레이징 면에 매립되어 표면이 평평하다.

면외하중 작용시 고정부에 대한 유리의 상대회전을 수용할 수 있는 기능은 없다. 그러나, 백플레이트와 글레이징지지 연결장치 간의 접합부에 면외변형을 수

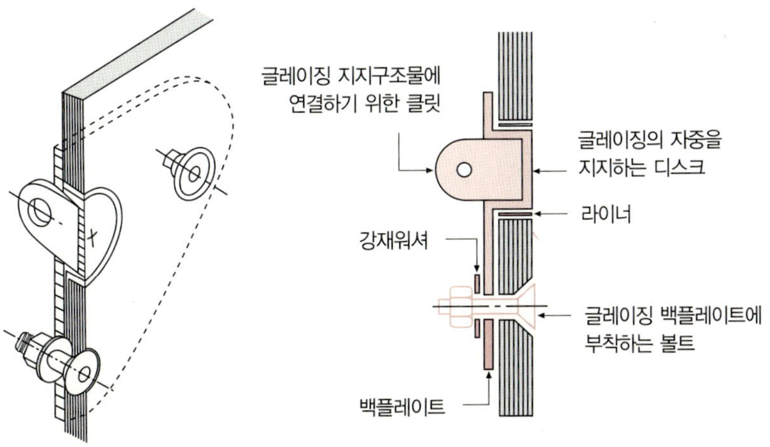

【그림 3.3】 스터드 어셈블리

용토록 할 수도 있다.

스터드 어셈블리는 유리판에 3개의 구멍을 뚫어서 설치해야 하므로 상대적으로 복잡한 상세이다.

3.4. 조각판 접합부 patch plate fixing

조각판【그림 3.4】은 초기에 유리핀(glass fin)과 함께 사용되도록 개발되었다. 조각판은 가황처리섬유(vulcanized fibre)나 이와 유사한 개스킷(gasket)을 통해 유리패널의 한 면에 접합된다. 이 판은 마찰접합이 되도록 볼트를 규정토크치로 조여서 부착시킨다.

볼트는 유리와 지압상태에 있지 않다. 접촉면적을 증가시키고 하중분산을 크게 하면 면내나 면외하중에 대해서 비교적 큰 하중을 전달할 수 있는 능력을 지닌다.

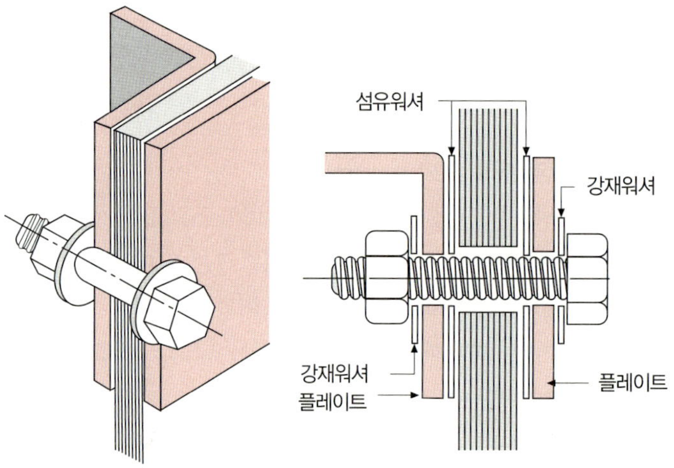

【그림 3.4】 조각판 접합부

3.5. 고급 원추형접합부 enhanced countersunk fixing

'고급' 원추형접합부【그림 3.5】와 단순 원추형접합부는 두 가지 면에서 다르다: 즉 고급 원추형접합부에는 글레이징패널 내부 면에 나사형 백워셔(threaded backing washer)가 사용되고, 글레이징지지 연결장치의 양쪽 면에 연성워셔가 사용된다.

나사형 백워셔는 볼트가 정해진 토크로 쉽게 설치되도록 하기 위해 사용한다. 연성워셔는 브래킷에 대해 상대적으로 볼트가 회전할 수 있도록 글레이징지지 연결장치의 접합부에 사용된다.

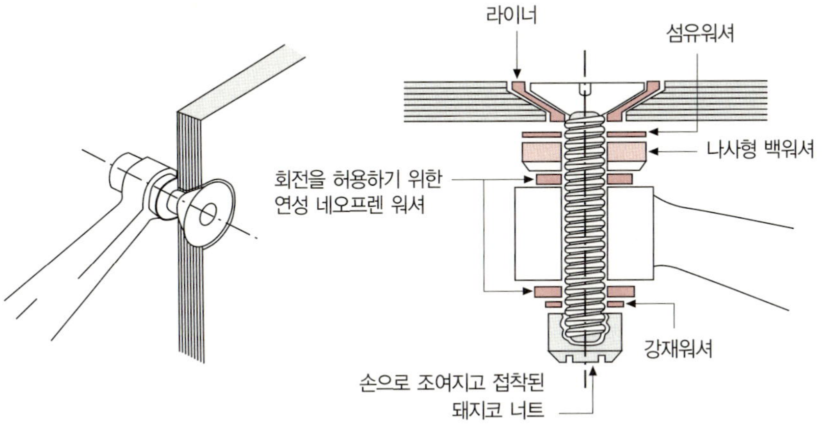

【그림 3.5】 고급 원추형접합부

3.6. 관절형볼트 articulated bolts

관절형 원추볼트의 상세【그림 3.6】는 1986년 파리에 있는 Serres at La Villette에 사용하기 위해 Rice Francis Ritchie가 개발하였다. 관절형 원추볼트는 구형 지압면을 가진다. 이는 표준볼트머리의 아래쪽이 평평하고, 원추형 볼트머리의 아래쪽이 원뿔인 것과 다르다. 구형지압면은 유리패널에 매립된 컵모양의 지압대(bearing cup)에 위치한다.

나사워셔를 글레이징패널의 면에 도달할 때까지 조여서 볼트를 제 위치에 고정시킨다. 워셔는 정해진 토크에 도달할 때까지 조여진다. 원추형볼트상세와 관절형볼트상세의 주된 차이점은 관절형볼트상세는 글레이징지지 연결장치에 대한 유리의 상대회전변위를 보다 많이 흡수할 수 있다는 점이다.

관절형볼트를 사용하면 커다란 유리패널을 현수케이블과 같은 유연한 지지시스템(flexible support system)에 부착시킬 수 있다.

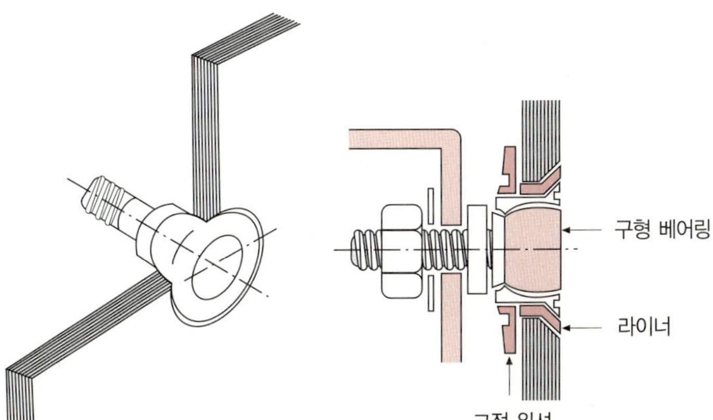

【그림 3.6】 관절형볼트 접합부

4 지지구조물

본서의 목적상 골조시스템을 다음과 같이 분류한다

① 밑면지지 강구조물 상의 점고정 유리
- 단순 지주
- 트러스와 핀(fin)

② 내풍트러스에 매달린 상단고정 유리
③ 케이블시스템 상에 점접합된 유리
④ 유리핀(glass fin) 보강 시스템

지주와 트러스는 일반적으로 각형단면으로 제작된다(본서 7장의 사례연구 참조).

4.1. 밑면지지 강구조물상의 점고정 유리

4.1.1. 단순 지주 (높이 2.5~4.2m 범위)

수직지주(대체로 원형강관 단면)는 바닥에서 지지된 글레이징패널을 중간높이에서 고정하는데 사용할 수 있다. 이 지주는 종종 유리와 유리가 만나는 조인트선【그림 4.1】이나 패널의 중앙(이와 같은 경우에는 글레이징지지 연결장치가 지주에서 나온 캔틸레버에 고정된다; 【그림 4.2】)에 위치한다. 후자의 경우 캔틸레버의 사용으로 필요한 지주의 숫자가 절반으로 경감된다.

지주를 사용하는 또 다른 방법으로는 글레이징패널을 자립핸드레일(freestanding handrails)이나 수직캔틸레버지주(vertically cantilevered posts ; 【그림 4.3】)에 부착하는 것이다.

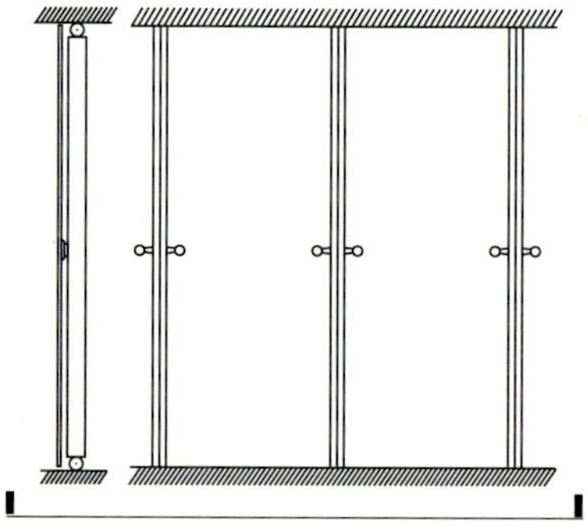

【그림 4.1】 패널조인트에 위치한 지주

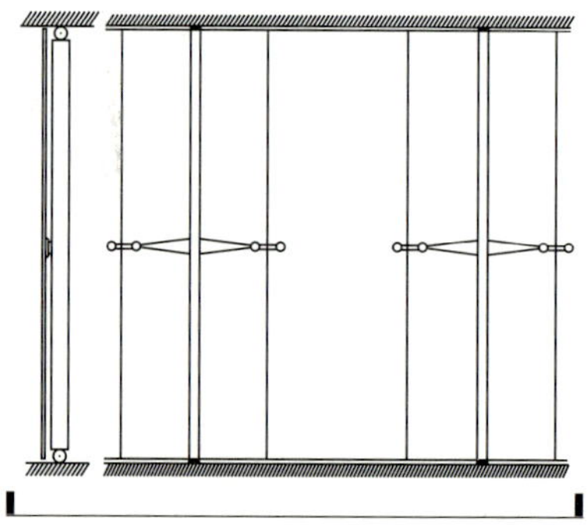

【그림 4.2】 캔틸레버를 가진 지주

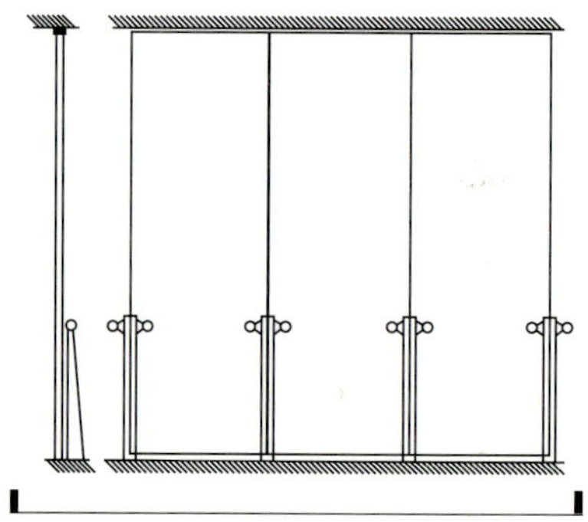

【그림 4.3】 캔틸레버 지주

4.1.2. 트러스와 핀(fin) (4m 높이 이상)

글레이징의 높이가 4m이상을 초과하여 지주를 활용한 지지가 실용성이 떨어질 때 바닥에 지지된 래티스트러스, 비렌디얼트러스, 활시위트러스(bowstring truss), 그리고 핀(fin)을 사용할 수 있다.

래티스트러스는 삼각형의 웨브부재와 두 개의 현재로 구성된다. 현재와 웨브부재로는 주로 원형강관이 사용된다. 현재와 웨브 부재의 단부는 핀접합(이 경우는 일반적으로 트러스에 변단면 테이퍼를 둔다)하거나 모멘트접합(이 경우는 보통 트러스의 전체춤이 균일하게 유지되고 모멘트저항을 할 수 있는 볼트접합부가 사용된다)을 할 수 있다.

비렌디얼트러스에서는 현재와 웨브부재 사이에 모멘트접합부를 사용한다. 따라서 국부변형 저항능력이 좋은 각형강관단면이 자주 사용된다. 이 경우에도 단부 접합부는 핀접합이나 모멘트접합을 사용할 수 있다.

활시위트러스(bowstring truss)는 휨에 저항하기 위해 1, 2개, 때로는 3개의 세장한 봉(rod) 또는 케이블이 스트럿과 함께 사용된다. 활시위트러스의 단부는 일반적으로 핀접합이다. (수직방향의 핀(fin)은 래티스트러스나 비렌디얼트러스와 비슷한 강성을 제공할 수 있다.)

글레이징지지 연결장치는 보통 트러스의 절점에 위치한다. 래티스트러스나 비렌디얼트러스는 한 면 (가끔은 양 면, 예를 들어 트윈스킨파사드에 사용될 경우)에 글레이징 된다. 활시위트러스에 지지된 글레이징패널은 트러스의 한쪽 면이나 내부에 위치한다. 한 쪽 면에 위치한 경우는 【그림 4.4】와 같이 연장된 스

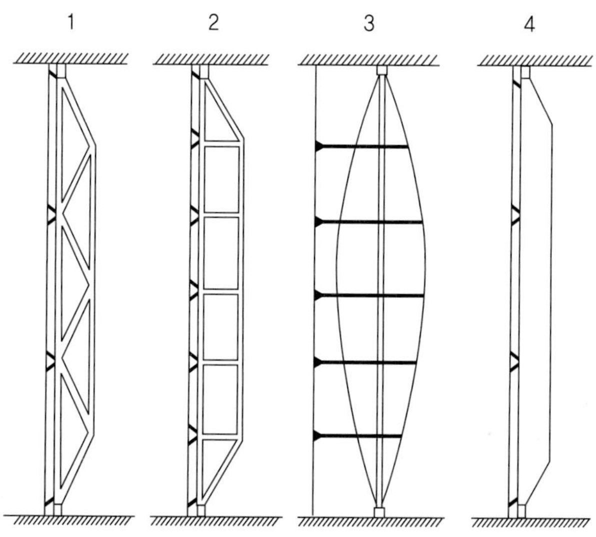

1. 래티스트러스 2. 비렌디얼거더 3. 활시위트러스 4. 핀

【그림 4.4】 트러스 형식

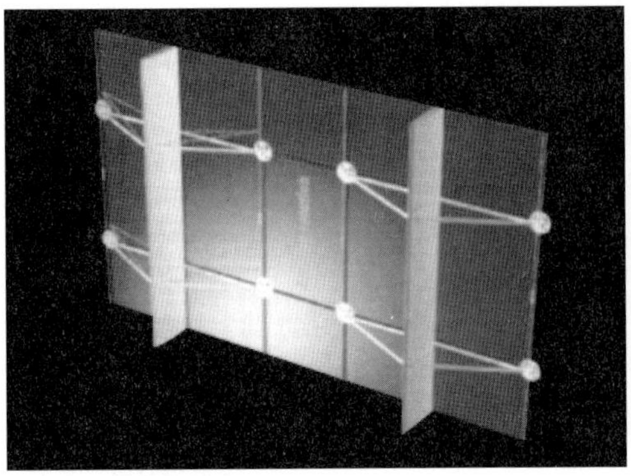

【그림 4.5】 캔틸레버 팔

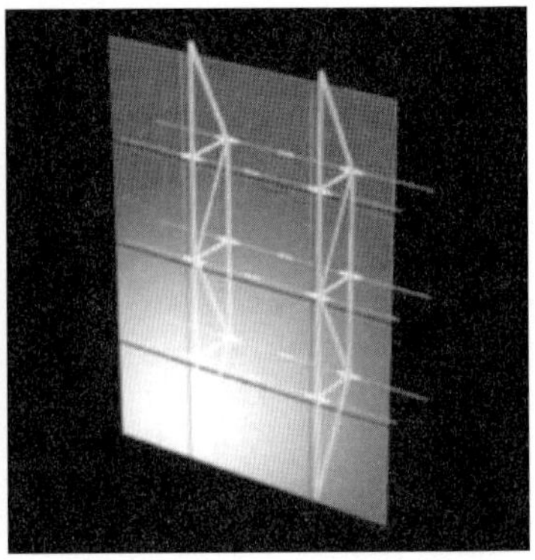

【그림 4.6】 턴버클타입 조정장치로 횡지지

트럿에 부착되고, 내부에 위치할 경우는 트러스 부재가 글레이징 면을 통과할 수 있도록 설계된 상세가 필요하다. 후자방식의 예로 7.1절에 워털루 국제터미널(Waterloo International Station)을 사례로 소개하였다.

일반적으로 트러스와 핀(fin)은 글레이징패널의 폭에 상응하는 간격마다 설치된다. 따라서 간격은 1.5m에서 2.5m사이가 일반적이다. 간격은 피봇 지지된 캔틸레버 팔을 도입하여 증가시킬 수 있다【그림 4.5】. 캔틸레버 팔의 또 다른 장점은 트러스나 핀과의 접합부에 대한 회전능력으로 인해 글레이징지지 연결장치점에서 수직방향으로 변형조절성능이 좋다.

일반적으로 횡지지는 와이어나 봉으로 된 인장시스템에 의해 제공된다. 턴버클이나 이와 유사한 장치들은 길이를 조절할 수 있게 하고, 트러스나 핀을 당겨서 제 위치에 오도록 하는데 사용된다【그림 4.6】.

4.2. 내풍트러스에 매달린 상단고정 유리

일련의 인장재나 바로 위의 패널에 글레이징패널을 매달아서 시각적으로 노출되는 강지지구조물의 크기를 줄일 수 있다.

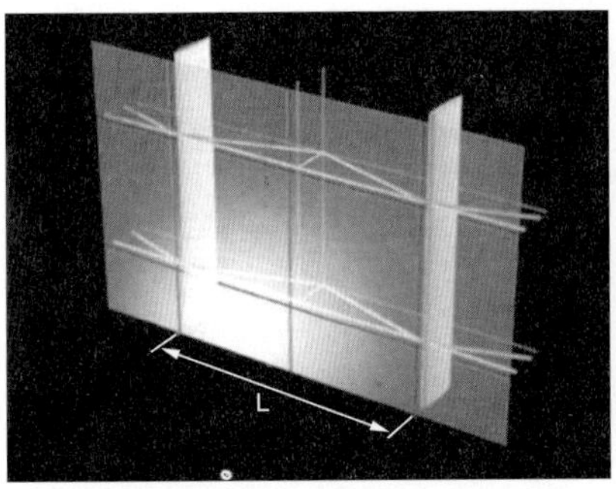

【그림 4.7】 일반적인 내풍트러스의 배치(A)

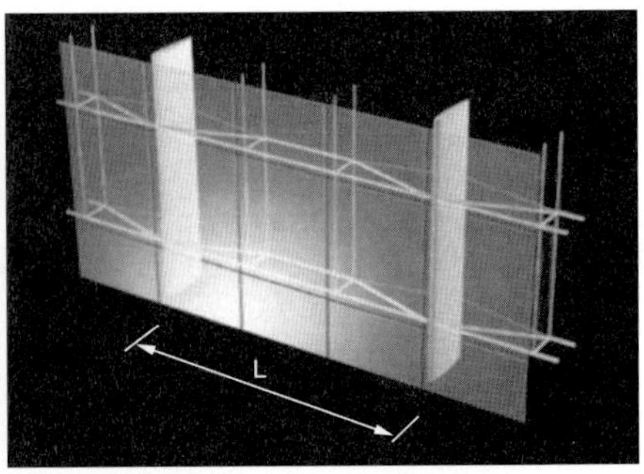

【그림 4.8】 일반적인 내풍트러스의 배치(B)

4.2.1. 강선 또는 강봉 지지

인장재에 글레이징패널을 매다는 것은 비교적 간단하다. 각 패널의 자중은 탄소강봉, 스텐리스강봉, 또는 와이어행거에 적절한 연결장치를 사용하여 지지한다.

이 인장재는 수평내풍트러스에 연결함으로써 풍하중 작용시의 이동을 구속할 수 있다【그림 4.7, 4.8】. 관절링크는 허용오차나 변위를 수용하기 위해 접합점【그림 4.9】에 설치될 수 있다. 또한 인장재는 트러스의 수직방향 처짐을 막을 수 있다.

글레이징패널이 인장부재에 매달릴 때, 턴버클 등의 장치는 수직방향의 위치를 조절하는데 사용될 수 있다.

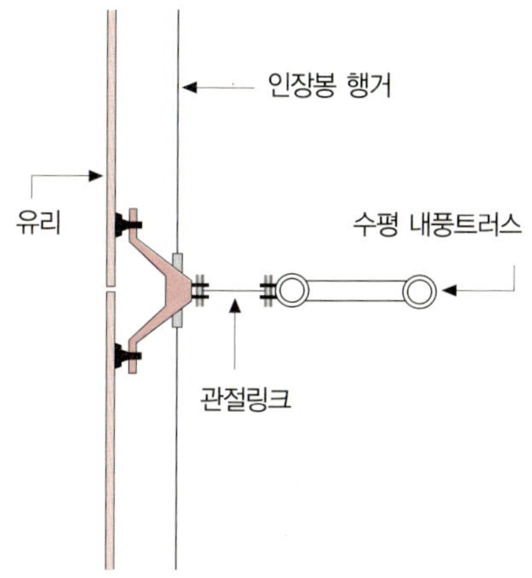

【그림 4.9】 내풍거더에 연결된 관절형 링크

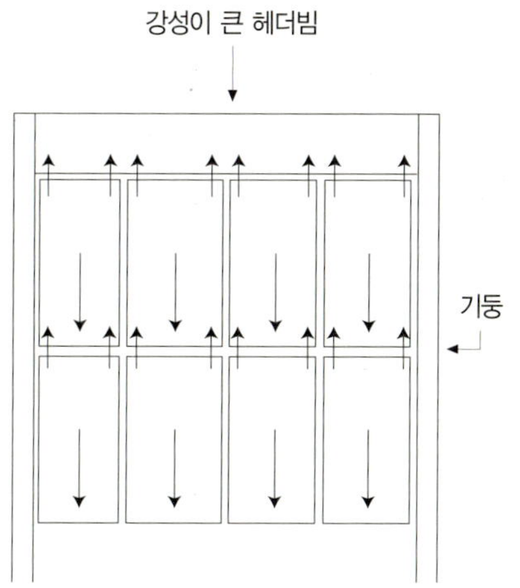

【그림 4.10】 상부패널에 순차적으로 매달린 유리패널

4.2.2. 글레이징 간의 접합을 통한 지지

특별한 글레이징지지 연결장치를 사용하여 수직의 여러 글레이징패널을 서로 매달 수 있다【그림 4.10】. 이러한 방법은 상부패널의 접합부분의 응력이 매우 높기 때문에 최대 높이에 한계가 있다.

제조업체에 따라 각기 다른 내하력을 제공하기 때문에 각 업체별 유리벽체의 높이한계는 다양하다. 지지구조물의 변형과 같은 실제적인 문제로 높이가 제한받기도 한다. 글레이징패널의 수직방향으로의 적합한 배치를 위해 링크부위에 조정기능을 부여할 수도 있다.

풍하중은 4.2.1절과 유사하게 수평 또는 수직의 내풍트러스에 의해 저항될 수 있다. 수평트러스가 가장 일반적이다. 일반적으로 글레이징패널을 연결하는 브래킷은 트러스와의 연결기능을 가진다.

이러한 시스템은 보호장치가 없는 출입구나 글레이징의 손상이 아래에 있는 사람의 부상을 초래할 수 있는 곳에는 사용하지 않는 것이 좋다.

4.3. 케이블 시스템 상에 점접합 유리

지지구조물은 봉이나 와이어와 같은 인장부재만을 사용해서도 시공될 수 있다. 이 경우 지지구조물은 물리적으로나 시각적으로 매우 가볍게 보이게 된다.

그러나, 반력을 지지하는 구조물은 다른 시스템에 비해 둔중할 수 있다. 왜냐하면 하중이 지반으로 직접 전달될 수 없고, 케이블의 양단을 통해 전달되어야 하기 때문이다【그림 4.11】.

수직 글레이징의 자중은 인장봉 행거 시스템이나 패널이 상부패널에 매달려서 지지될 수 있다(4.2절 참조). 역방향 현수케이블은 하중방향의 역전과 휨에 저항하는데 종종 사용된다【그림 4.11】.

현수시스템은 케이블의 인장력이 손실되면 매우 느슨해진다. 그러므로 케이블이 연결되는 구조물은 상대적으로 강성이 커야 한다. 프리텐션은 일반적으로 변위를 감소시키고, 초기 설치를 용이하게 하기 위해 필요하다. 프리텐션은 신중하게 계산되어야 하고, 온도팽창에 의한 인장력의 과도한 손실을 방지하기에 충분해야 한다. 또한 낮은 온도에서 타이가 과도한 응력을 받는 것도 피해야 한다.

등분포 풍하중 하에서 케이블의 변위는 경간 중앙에 대해 대칭적이다. 불균등하중 조건에서는 변위가 보다 복잡하다.

현수지지시스템의 시공에는 세심한 절차와 제어가 필요하다. 지지구조물은 현수시스템이 설치되기 전 세워지고 정렬되어 수평을 잡아야 한다. 케이블 시스템을 세우는 순서와 필요한 가설구조물의 수는 개개의 설계에 따른다.

두 개의 역방향의 현수부재를 연결할 때 지그를 사용하여 평면에서 선조립할 수 있다. 길이와 절점위치를 정확하게 하여 설치위치로 인양하여 압축 프레임에 접합한다.

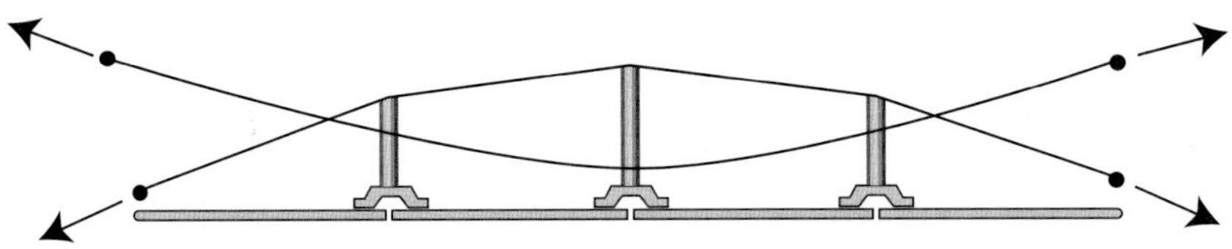

【그림 4.11】 상호 역방향 현수케이블

4.4. 유리핀(glass fin) 보강 시스템

글레이징패널은 볼트접합과 실리콘접합을 포함하는 다양한 기술을 이용하여 유리핀에 부착할 수 있다. 핀은 일반적으로 글레이징패널에 수직방향으로 설치되고, 적층재료를 종종 사용한다.

글레이징패널을 유리핀(glass fin)에 부착하는 일반적인 두 가지 방법을 【그림 4.12】에 도시하였다.

핀에 뚫린 구멍의 정밀도는 다른 유리의 경우와 같다(5.2.2절 참조 ; ±1 mm 오차 허용가능). 유리핀(glass fin)과 강구조물 사이의 단부접합부의 상세는 세 개의 직교방향의 허용오차와 강이나 핀 사이에 발생할 수 있는 상대변위를 흡수할 수 있어야 한다. 강(또는 스텐리스) 슈(shoe)를 유리핀의 단부에 부착하여 단순 볼트접합에 비해서 보다 큰 하중과 변형을 흡수할 수 있다.

핀보강 시스템의 설치는 상대적으로 단순하다. 지지브래킷과 핀(fin)을 세우고 정렬한 후, 수평을 맞춘다. 다음으로 글레이징패널을 정위치시킨 후 부착시킨다. 글레이징이 핀에 실리콘으로 접합되었을 때에는 정렬을 좋게 하고, 접합부에 나쁜 영향을 줄 수 있는 2차응력을 피하기 위해서 가설상태에서 위치에 정확히 놓이게 하는 것이 중요하다. 실란트가 사용되는 곳의 조건이 결정적이므로 제조업체의 조언이 필요하다.

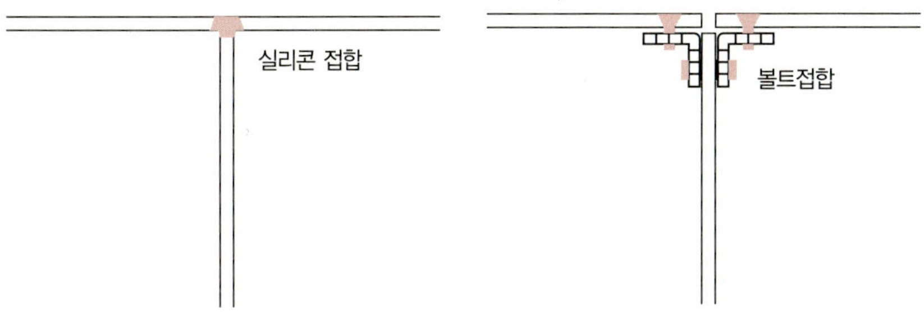

【그림 4. 12】 유리핀 접합 방법

5. 설계 이슈

5.1. 허용오차

5.1.1. 글레이징패널 허용오차

유리 글레이징패널은 두께, 외곽치수, 정방성, 만곡도(bow and roller wave ; 착색중 이동롤러의 통과에 의한 유리표면의 작은 기복)의 측면에서 일반적으로 매우 정교하다. (강화작업 전에 수행되는) 유리의 볼트구멍 뚫기에 컴퓨터로 통제되는 기계가 사용됨에 따라 정밀도가 상당히 향상되었다. 일반적으로 이론상의 위치에서 ±1mm의 정확성이 얻어진다.

5.1.2. 벽체에서 글레이징패널의 정렬

유리패널의 크기나 볼트위치가 부정확할 때는 일반적으로 패널간 조인트폭(줄눈)과 글레이징과 글레이징지지 연결장치 사이의 접합부에서 약간의 조정을 통해서 수용할 수 있다.

일반적으로 글레이징패널의 표면을 잘 정렬하는 것은 중요하다. 강화유리는 비강화유리에 비해 곡률이 더 큰 경향이 있다. 또한 단차를 없애기 위해 인접한 패널의 곡률을 맞추는 것이 중요하다. 실리콘 조인트 작업 전까지 패널을 조임으로써 이러한 정렬에 도움을 받을 수 있다.

일반적으로 글레이징패널의 격자는 강골조가 실제 시공된 위치에 따르게 된다. 직선조인트는 수평, 수직방향으로 유지된다. 설치오차는 패널위치 측정에 사용되는 장비의 정교함에 따라 제한될 뿐이다. 수평, 수직방향의 허용오차는 통상 ±2mm이다【그림 5.1】.

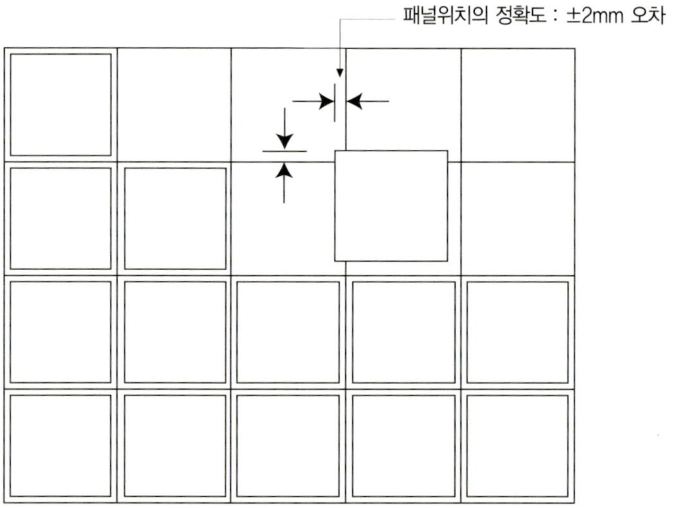

【그림 5.1】 글레이징 설치 허용오차

5.1.3. 지지구조물의 허용오차

일반적으로 (영국) 강구조공사시방서(National Structural Steelwork Specification)를 지지구조물에 적용가능하지만, 글레이징지지 연결장치의 설치위치에서의 정밀도 확보를 위한 특별한 요구사항이 있다.

지지구조물은 제작과 세우기 과정에서 치수의 편차가 발생할 수 있다. 이론적으로는 지지구조물과 글레이징지지 연결장치의 접합부에서 적당한 정도의 조정이 제공될 수 있다. 그러나, 높은 수준의 조정은 글레이징 연결장치의 크기가 커지고 복잡해지게 된다. 그리고, 설계자가 특별히 세련된 해결방안을 찾기 때문에 조정양은 최소한의 필요 정도까지 제한하는 것이 보통이다.

±5mm의 조정이 일반적이다【그림 5.2】. 그러나, 이 정도의 정밀도를 확보하기 위해서는 특별한 제작기술과 설비를 요구한다. 설계자는 제작을 단순화하고 비용을 줄이기 위해서 허용오차를 완화할 수도 있다. 그러나, 완화된 허용오차는 글레이징지지 연결장치에서 제공되어야 하는 조정량에 감안되어야 한다.

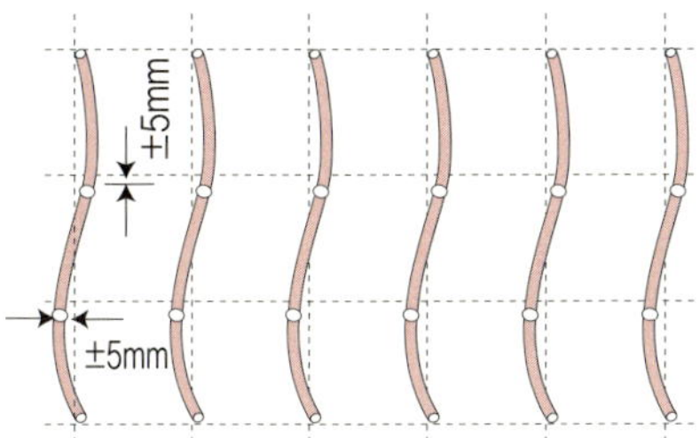

【그림 5.2】 부착지점의 허용오차

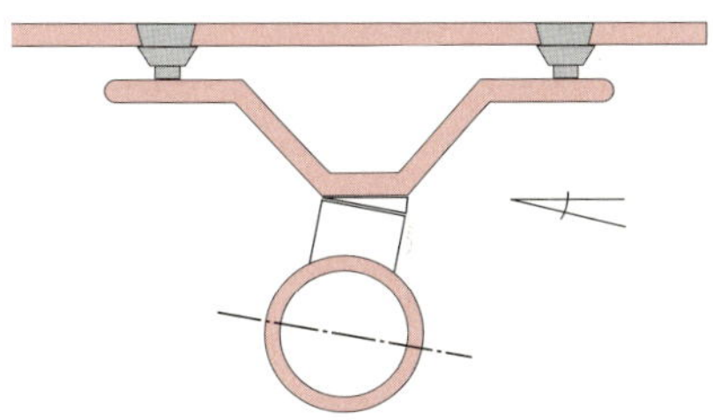

【그림 5.3】 경사심(shim)을 사용한 회전의 부정확성 조정

대형 지지구조물은 종종 횡방향으로 바르게 배열되도록 부재를 당길 수 있는 장치가 포함되어 있다 (4.1.2절 참조).

회전변형의 부정확성은 특히 복잡하고 비용이 많이 드는 조정장치를 필요로 한다. 그러므로, 접합부가 만들어지는 구조부재의 축방향으로는 글레이징 지지접합부의 위치에 대해 좁은 오차범위가 시방되곤 한다. 반면 구조부재의 축에 수직방향으로는 상대적으로 넓은 허용오차범위가 시방된다. 넓은 허용오차범위를 가진 방향에 대한 조정은 단순한 경사심를 사용하여 수행될 수 있다【그림 5.3】. 다른 방안으로는 두 개의 경사심를 포개어 사용하여 접합점의 축 주위에 360° 범위 내에서 어느 방향이라도 독립적으로 회전할 수 있도록 한다.

5.2. 변형

5.2.1. 유리의 면외 변형

사용하중 하에서 경간중앙의 변형한계는 *L*/100이 합리적이다【그림 5.4】.

허용가능한 모서리 처짐은 보통은 단일 글레이즈 강화판에 대해서 *L*/100, 단열유리에 대해서는 *L*/175을 초과할 수 없다(변 실의 손상을 방지하기 위함). 볼트고정부와 지지연결장치의 유연성을 통하여 작용하중 하에서 글레이징의 총회전을 수용해야 하고, 지지구조물의 처짐의 결과로 발생하는 회전 이외의 어떠한 회전에 대해서도 동시에 고려해야 한다.

만일 글레이징 지지부가 회전할 수 없다면, 그에 따른 모멘트는 글레이징, 볼트고정부 그리고 글레이징지지 연결부에 의해 저항되어야 한다.

판재에 대한 초등처짐공식은 유리의 보수적인 안전치를 제공한다. 보다 정확한 값이 요구될 때에는 유한요소해석을 사용하거나, 개개의 판재에 대한 실험을 수행할 수 있다.

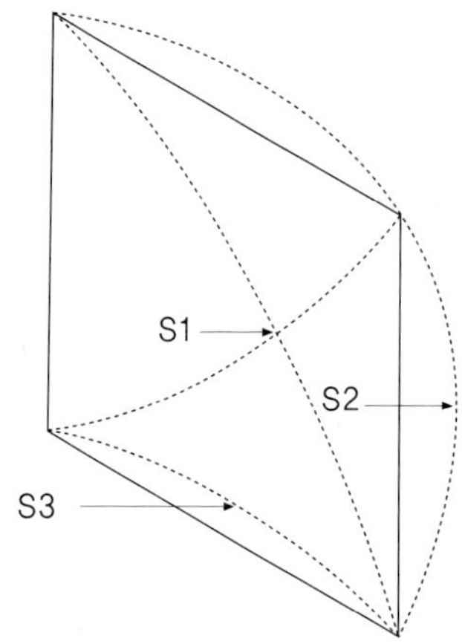

판 중앙부 처짐 S1 = L1/100(풍하중)
변 중앙부 처짐
S2 = L1/175 (총하중작용시) 또는
S3 = L2/175 가운데 적합한 것

【그림 5.4】 단일 글레이징 볼트접합 유리의 처짐한계 제안값

5.2.2. 유리의 면내 변형

글레이징패널은 영국의 경우 지역에 따라서는 −15℃에서 +45℃범위의 표면 온도변화를 겪는다. 유리의 열팽창계수는 7.75×10^{-6}/℃이다.(강재나 콘크리트의 열팽창계수는 12×10^{-6}/℃). 지지구조물에 대한 상대변형은 두 재료의 온도와 상관있지만 최악의 경우에도 2m×2m패널의 각 코너에서 단지 ±0.25mm의 상대변형만 예상된다【그림 5.5】.

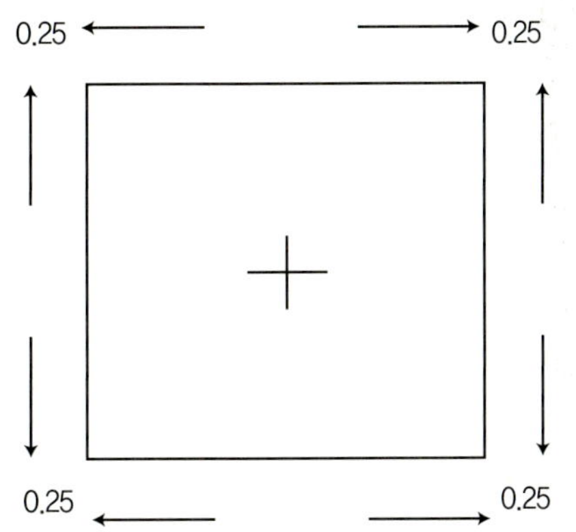

【그림 5.5】 2m×2m의 유리패널 코너에서 최악의 경우의 상대변형

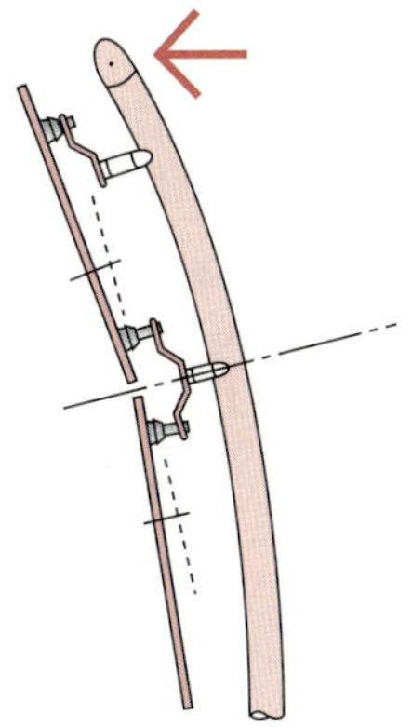

【그림 5.6】 고정부의 처짐과 회전

5.2.3. 지지구조물의 면외 변형

면외처짐에 대한 설치한계의 가장 중요한 변수 중 하나는 글레이징 지지부에서 수용될 수 있는 회전량이다. 이러한 회전은 작용하중 하에서의 글레이징패널의 처짐과 지지구조물의 변형의 결과로 발생한다. 종종 처짐한계인 *L*/360은 과도한 회전을 야기하기 때문에 보다 작은 값의 한계가 필요하다.

5.2.4. 지지구조물의 면내 변형

출입구나 아트리움과 같은 개방된 공간의 옆이나 위에 종종 큰 면적의 유리가 쓰인다. 이 경우 대형 지지구조물을 필요로 한다. 면내변형은 횡방향 풍하중, 온도변화, 자중과 작용하중에 의한 처짐의 결과로 발생한다.

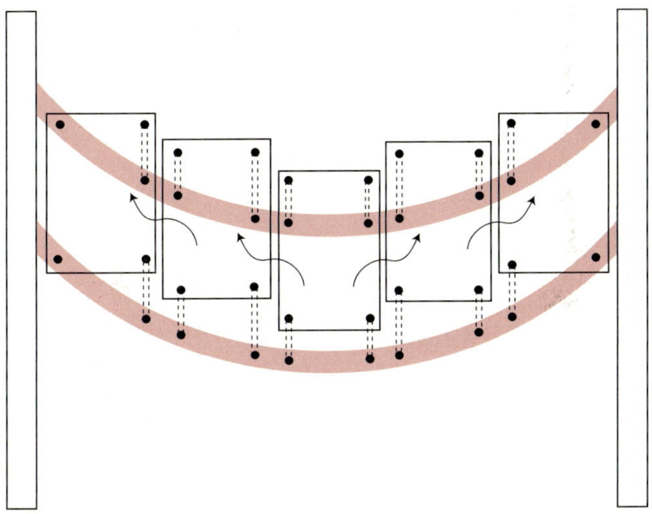

【그림 5.7】 실리콘 조인트를 통한 하중의 전달

다음의 경우 발생하는 지지구조물의 변형을 예측하고 수용할 필요가 있다.

① 시공중
② 글레이징 설치중
③ 사용중

실리콘 조인트는 글레이징패널이 깊은보처럼 일체로 거동하도록 한다. 이로 인해 다음 두 가지 가능한 결과를 야기할 수 있다【그림 5.7】.

- 기둥주변에 인접한 패널고정부에 하중이 집중될 수 있다.
- 지지구조물로부터 유리에 추가하중이 가해질 수 있다.

다른 문제로는 패널이 회전하거나【그림 5.8】 독립적으로 움직일 수 있다【그림 5.9】. 두 경우 모두 특정한 접합부에는 하향하중을 증가시키고, 다른 부분에는 상향하중의 증가를 불러올 수 있다. 이러한 효과는 정량적으로 분석되어 글레이징 지지부, 글레이징패널과 볼트고정부의 설계에 반영되어야 한다.

5.2.5. 주 골조의 변형

건물골조의 변형에 의해 다양한 설계이슈가 생겨날 수 있다. 이는 일반적으로 이 책의 범위를 넘어서지만 두 가지 흔한 사례만을 아래에서 기술한다.

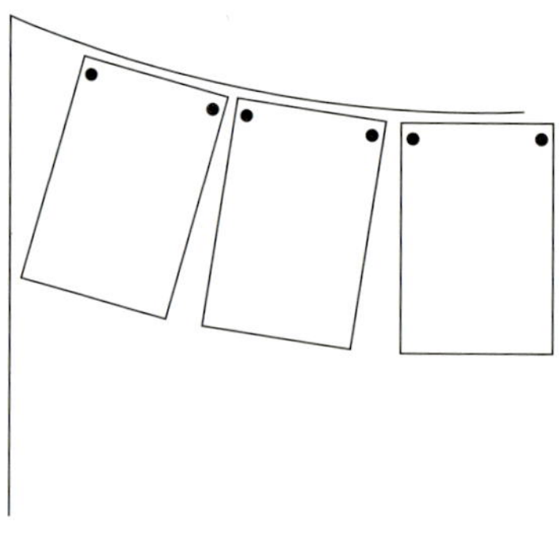

【그림 5.8】 보의 처짐에 의한 글레이징의 회전

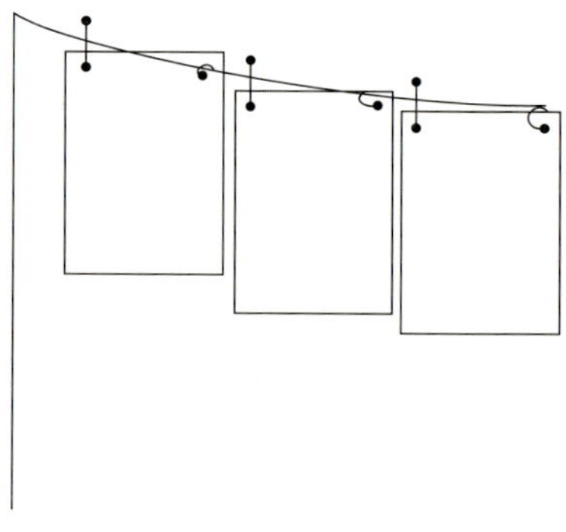

【그림 5.9】 보의 처짐에 의한 고정부 한 곳으로의 하중이동

주골조 내부에 지어진 유리벽

글레이징 지지구조물이 건물골조에 연결되는 방식에 따라 【그림 5.10】에 표시된 유형의 횡변위에 대한 두 가지 설계상황이 존재한다. 지지구조물이 건물과 함

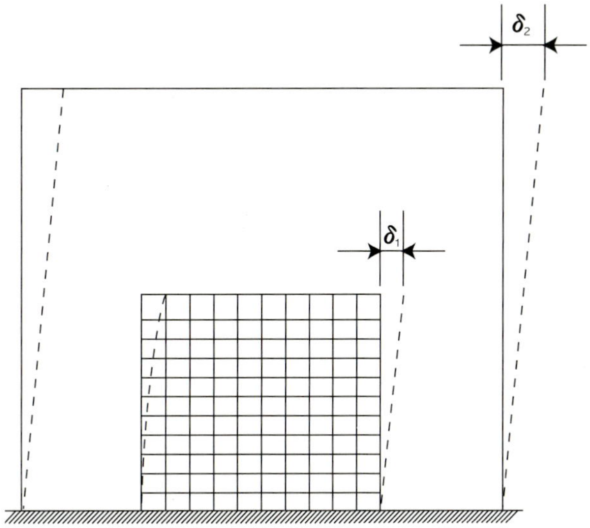

【그림 5.10】 횡변위

께 횡변위를 일으키지 않는다면, 글레이즈 벽체의 외곽부에서의 변위차가 국부 상세에서 수용될 수 있는지에 대한 검토를 해야 한다.

이와는 달리 지지구조물이 건물과 함께 횡방향으로 이동하면, 상대변위는 글레이징지지 연결장치에서 휨과 미끄러짐에 의해 모두 흡수되거나, 글레이징패널은 자유롭게 전단변형하거나 움직일 수 있어야 한다.

건물 사이의 글레이징된 아트리움

글레이징된 구조물로서 건물과 건물 또는 건물의 일부분을 이어서 아트리움을 만드는 것은 일반적이다. 글레이징된 구조물에 필요한 경간거리는 【그림 5.11】에서 보여지는 온도효과나 바람에 의한 횡변위에 의해서 다양하게 변한다. 다음 기술은 부등변형를 극복하는데 사용될 수 있다【그림 5.12】.

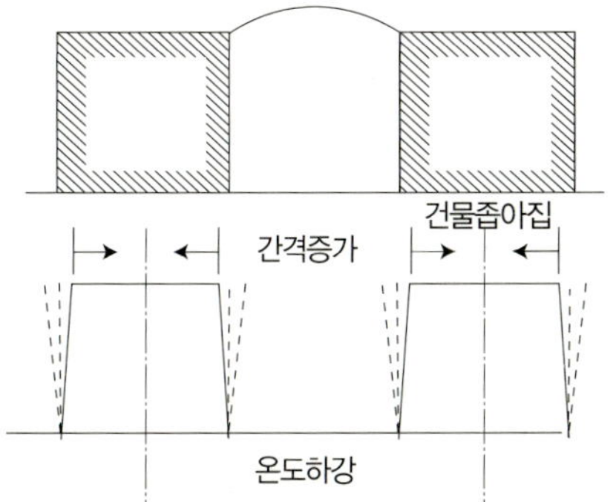

【그림 5.11】 인접블록간 부등변위

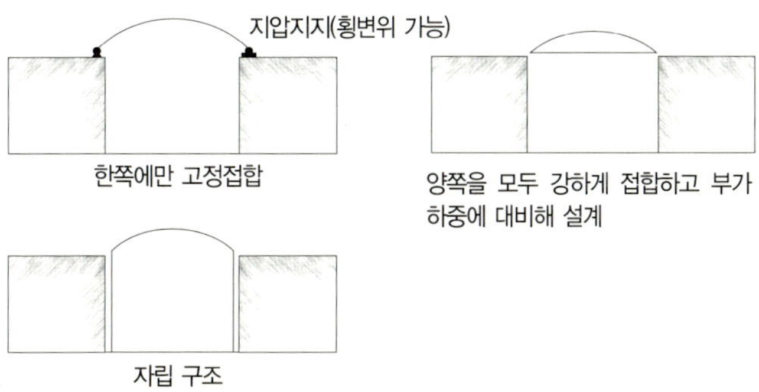

【그림 5.12】 부등변위를 수용하는 방법

① 미끄럼조인트 또는 상대변위를 수용할 수 있는 조인트를 도입
② 글레이징 지지부를 자립케하여 구조적 독립성 부여
③ 글레이징 지지부를 작용하중에 저항할 수 있도록 설계

이러한 테크닉의 상대적인 장점은 지지구조물에 작용하는 응력효과와 미끄럼 조인트 또는 이와 유사한 조인트 주변의 상세에 좌우된다.

5.3. 하중

5.3.1. 일반사항

BS6399(British Standard BS6399 Design Loading for Buildings)가 글레이징에 대한 고정하중, 사용하중, 적설하중, 풍하중을 결정하는데 사용된다. BS6399는 다음과 같은 장으로 구성되어 있다.

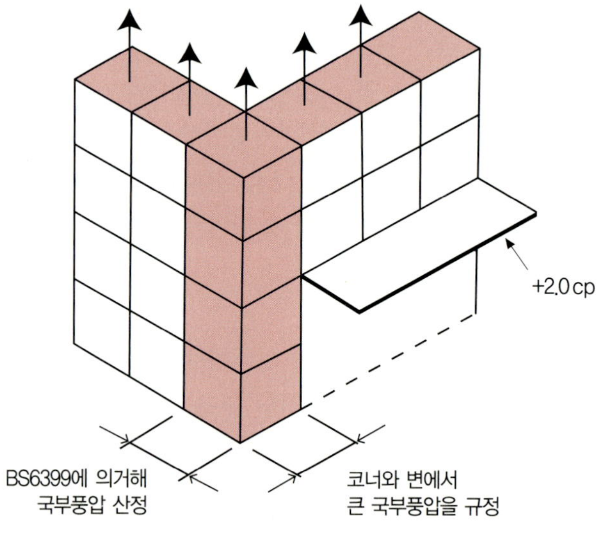

【그림 5.13】 건물 코너와 변에서의 큰 풍하중 효과

Part 1 고정하중과 사용하중

Part 2 풍하중

Part 3 지붕적재하중

BS 6399 : Part 2를 클래딩에 대한 극부풍압계수와 함께 적용해야 한다. Part 2에서는 지붕의 코너나 모서리에 훨씬 큰 풍하중이 작용한다고 고려하여,

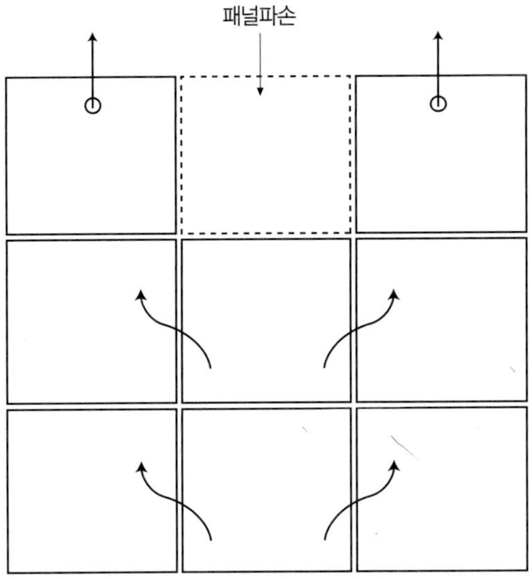

【그림 5.14】 대체하중경로

때로는 입면에 작용하는 평균풍압의 2배 이상의 풍하중값을 가정한다【그림 5.13】.

5.3.2. 비보호 유리벽

가드레일이 없는 유리벽체는 핸드레일하중과 동등한 하중을 적용하여 설계해야 한다. 더 자세한 사항은 BS 6180을 참고한다.

글레이징이 저항해야 하는 설계하중의 크기는 패널이 파손되었을 때 유발되는 위험도와 상관된다. 상층부 또는 공공통로가 있는 건물에서는 특히 중요하다. 필요한 곳에는 고정된 레일이 건물 사용자의 안전을 위해 설치되어야 한다.

5.3.3. 유지관리

수평 또는 경사글레이징 어셈블리의 경우 청소나 유지관리 시에 작용하는 하중에 저항할 수 있어야 한다. 발생할 수 있는 하중의 종류나 크기에 대한 정보는 제조업체나 설치전문가로부터 제공받는다.

5.3.4. 파손의 영향

유리패널이 상부패널의 아래에 순차적으로 매달린 경우에는 패널의 파손에 의한 영향이 고려되어야 한다. 한 개 패널의 손상으로 인해 커다란 면적의 글레이징이 점차적으로 파괴되어 연쇄붕괴되지 않도록 대체하중경로가 제공되는 것이 필수적이다. 또한 유리핀(glass fin)의 파괴효과도 고려되어야 한다.

여러 개의 패널이 깨지거나 손실되었을 때 우발하중조건이 내부풍압의 현저한 증가로 이어질 수 있는 개구부가 형성되지 않도록 검토되어야 한다.

5.3.5. 우발하중 : 폭발하중

폭발손상에 정통한 구조엔지니어에게 조언을 받아야 한다. 폭발중 글레이징 조각의 비산물이 야기하는 위험에 대해 고려해야 한다. 글레이징이 폭발중 그 자리에 버티고 있다면 하중이 지지구조물로 전달될 것이다. 대안으로 글레이징을 지지구조물로부터 분리시키는 방안도 있다. 후자의 경우, 건물거주자나 그 근처의 사람들에 대한 위험이 고려되어야 한다.

5.3.6. 지진하중과 진동

영국에서 내진설계가 필요한 경우는 거의 없다. 그러나, 보통은 유리벽체가 어떤 종류의 진동이나 가진에 대해 저항하도록 설계할 필요가 있을 수도 있다. 그러한 지역에서는 진동수, 진폭과 최대가속도를 산정해서 패널에 대해 추가적인 수평, 수직하중이 계산되어야 한다.

때로는 글레이징된 구조물의 고유진동수와 진동에 대한 민감도를 평가하기 위한 목업테스트(Mock-up Test)가 수행될 필요가 있다. 클래딩의 댐핑이 충분하면 손상이 일어나지 않는다. 진동전문가의 조언을 받아야 한다.

5.4. 내구성과 교체

5.4.1. 유리

유리는 표면에 기계적 손상을 입지 않는다면 청소 외에는 보수가 실질적으로 필요치 않다. 강화유리는 깊은 스크래치가 잠재적으로 금이 가게 하기 때문에 긁히지 않도록 해야 한다. 또한 시공 또는 보수작업 중 용접비산물과 뜨거운 그라인딩 파편에 노출되는 것을 피해야 한다. 왜냐하면 유리의 내부응력이 교란되어 파괴될 수 있기 때문이다.

실(seal)과 같은 소소한 요소의 일반적인 유지나 교체시에 유리패널이 쉽게 탈착될 수 있어야 한다. 이는 견고한 강지지골조에 직접 접합된 간단한 단일패널에서는 문제가 되지 않는다. 실리콘 실은 잘라서 제거할 수 있고, 점접합부는 볼트를 풀어서 패널을 깔끔하게 들어올릴 수 있게 한다.

오버헤드글레이징은 '깨지기 쉬운 지붕' 처럼 취급되므로 적절한 하중에 대해 명확하게 설계되지 않았다면 유지용으로 사용하여서는 안 된다.

5.4.2. 스텐리스강

스텐리스강은 사용수명이 길다. (특히 일반강에 부착할 때) 표면오염을 피해야 하고, 특히 높은 염소나 다른 극한 환경에서는 스텐리스강의 정확한 등급에 관해 전문가의 조언을 받아야 한다. 스텐리스강의 사용에 대한 안내는 SCI출판문인 '건축가를 위한 스텐리스강재 가이드(Atchitects guide to stainless steel)' 를 참조한다.

5.4.3. 고무와 실리콘

고무와 실리콘은 대부분 25년 이하의 내구성을 가진다. 가장 내구성이 긴 것도 40년에 불과하다. 그러므로, 교체와 유지는 설계 단계에서부터 고려되어야 한다. 예를 들어 조인트개스킷은 글레이징패널의 양중 없이도 제거/교체될 수 있어야 하며, 이상적으로는 제거 및 교체에 과도한 가설접근시스템이 필요 없어야 한다.

6. 글레이징지지 연결장치

글레이징은 지지구조물에 직접적으로 부착할 수 있다(예를 들어 지주에 용접된 앵글에 부착). 그러나, 글레이징지지 연결장치라고 부르는 분리된 구성요소를 사용하는 것이 일반적이다. 이 연결장치는 구조적 중간접합부 역할을 하며 상대적인 위치조정을 가능케한다. 연결장치는 많은 종류가 있지만, 가장 일반적인 것은 다음과 같다.

- 앵글 브래킷 (angle brackets)
- 스파이더 (spiders)
- 핀 브래킷 (pin brackets)
- 클램프 장치 (clamping devices)

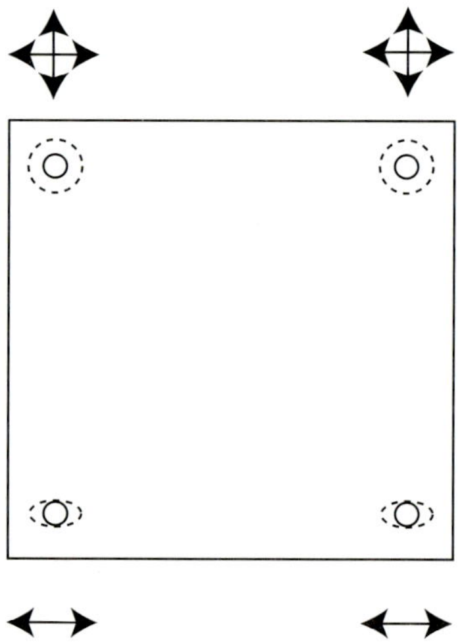

【그림 6.1】 글레이징지지 연결장치에서 상대변위의 흡수(아래로 매단 경우)

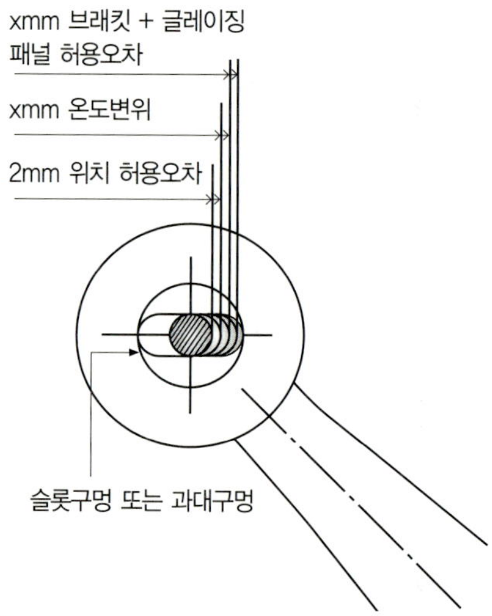

【그림 6.2】 글레이징지지 연결장치에서 슬롯구멍 또는 과대구멍

글레이징지지 연결장치의 구조적 기능은 주로 글레이징패널에 작용하는 하중(풍하중, 적설하중, 유지하중 등)과 글레이징패널의 자중을 지지구조물로 전달하는데 있다. 또한 글레이징지지 연결장치는 온도나 다른 요인에 의해 발생되는 내부응력이나 모멘트에 저항할수 있어야 한다.

앵글브래킷, 스파이더 그리고 핀 형식의 접합부는 설계 측면에서 많은 부분을 공유하고 있다. 일반적으로 수직이거나 경사진 글레이징의 하중은 패널의 상부 또는 하부 모서리에 있는 한 세트의 접합부에 의해 전달된다. 글레이징지지 연결장치에 대해 볼트고정부가 한 방향으로 움직일 수 있도록 하기 위해서는 연결장치가 수평슬롯구멍을 가져야 한다. 반대쪽 모서리에는 연결장치가 두 방향으로 움직일 수 있도록 과대구멍을 가져야 한다【그림 6.1】. 글레이징이 수평일 때는 연결장치가 모든 접합부에서 단순히 과대구멍만을 가지면 된다.

연결장치에서의 슬롯과 구멍의 크기는 온도효과에 의한 이동과 허용공차를 수용할 수 있어야 한다. 이러한 사항을 【그림 6.2】에 개략적으로 도시하였다. 필요하다면 바람에 의한 횡변위나 다른 효과로 인한 지지구조물의 면내 변위에 대한 수용능력을 확보해야 한다.

또한 앵글브래킷, 스파이더와 핀 형식의 연결장치 역시 글레이징패널 또는 지지구조물의 처짐에 의해 야기되는 어떠한 모멘트에 대해서도 저항해야 한다. 그러나, 3장에서 기술했듯이 볼트고정부는 종종 지지브래킷에 대해 상대적 회전이 가능하도록 설계된다. 연성(flexible)워셔를 지지브래킷의 접합부에 사용하거나 베어링을 고정부에 삽입할 수도 있다. 이런 방식에 의해 모멘트 전달을 방지하거나 최소화할 수 있다.

지지구조물의 오차는 구조물에 대한 글레이징지지 연결장치의 설치위치를 조정함으로써 일반적으로 수용할 수 있다. ±5mm의 수용능력이 일반적으로 요구된다(5.1.2 참조).

5.1.3절에서 기술했듯이(모든 3개의 회전방향에 대해) 정렬에 따른 허용오차를 수용할 수 있도록 고려해야 한다.

6.1. 앵글 브래킷 angle brackets

앵글브래킷은 가장 단순한 형태의 연결상세이다. 앵글브래킷은 지지구조물에 직접 용접되거나 클릿(cleat)이나 핀플레이트(fin plate)에 볼트접합될 수 있다.

볼트타입 브래킷의 장점은 앵글과 클릿 사이에 슬롯구멍 또는 과대구멍을 두

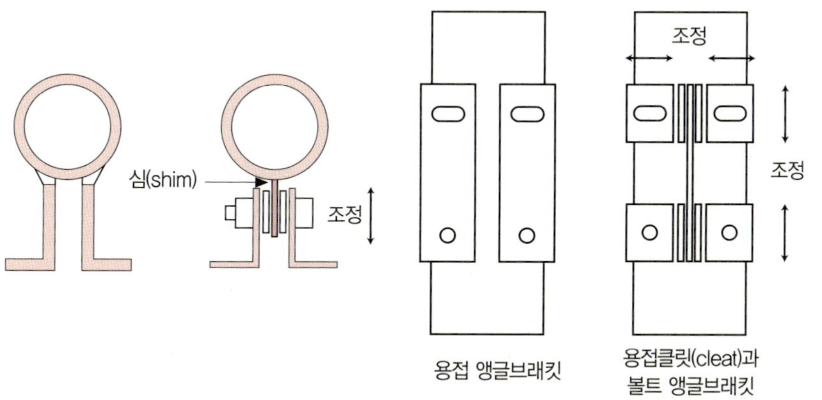

【그림 6.3】 앵글 브래킷

거나 심(shim) 또는 간격재를 사용하여 한방향, 두방향, 또는 세방향으로 조정이 가능하다는 점이다.

클릿과 앵글브래킷 간의 치수를 충분히 조정할 수 있기 위해서 공칭위치에서의 정렬에 늘거나 줄수도 있는 패킹량을 감안해야 한다. 공칭위치에서 클릿에 직접 볼트접합되면 패킹을 증가시켜서 한 방향으로만 움직임이 가능하다.

슬롯구멍이나 과대구멍을 사용하는 곳에서 미끄러짐을 방지하기 위해서는 앵글브래킷은 고강도 마찰볼트【그림 6.3】를 사용하여 클릿에 접합해야 한다.

이러한 종류의 글레이징 지지시스템에 사용되는 클릿은 면외방향으로 구부러질 수 있는 능력 때문에 종종 '스프링 판(spring plate)'이라 지칭된다. 클릿의 유연성을 이용코자 할 경우는 주의해야 한다. 왜냐하면 적합한 정도의 탄성변위를 얻을 수 있는 하중수준은 글레이징패널이나 글레이징 시스템의 다른 구성요소의 모멘트 강도 한계를 쉽게 초과할 수 있기 때문이다.

6.2. 스파이더 spiders

스파이더는 중심축에서 방사형으로 뻗어 나온 한 개에서 네 개 사이의 팔을 가진 브래킷이다. 글레이징패널은 팔의 단부에 부착되고, 브래킷은 지지구조물에 부착된다. 스파이더는 일반적으로 성형가공, 기계가공, 또는 주조에 의해 만들어진다.

네 개의 팔을 가진 단일 브래킷을 한 개의 부착 위치에 사용하거나, 각각 두 개의 팔을 가진 브래킷을 쌍으로 사용할 수도 있다.

6.2.1. 단일브래킷 single brackets

싱글브래킷【그림 6.4】은 일반적으로 단일 나사선의 스터드나 볼트를 가진다. 글레이징 면에 평행한 방향의 지지구조물에 대한 연결장치의 상대적 조정은 주

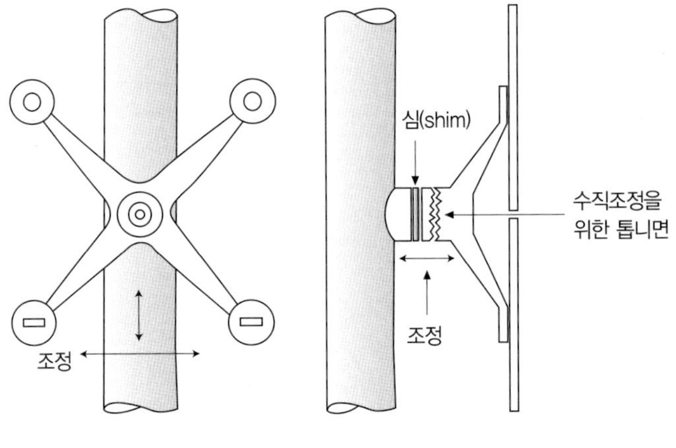

【그림 6.4】 단일브래킷 스파이더

로 슬라이딩상세 또는 톱니상세에 의한다. 심(shim) 또는 간격재(spacer)는 면외방향의 조정을 제공하는데 사용된다. 공칭위치의 정렬에는 허용오차나 조정을 수용하기 위해 늘거나 줄 수 있는 패킹량을 감안해야 한다.

6.2.2. 쌍브래킷 paired brackets

쌍브래킷【그림 6.5】은 일반적으로 클릿에 부착되며 필요하다면 클릿의 면에서 상대적으로 정밀한 수준의 조정이 가능하다. 심(shim)은 브래킷과 핀(fin) 사이에 사용되어 핀의 면과 수직방향으로 조정할 수 있다. 이러한 조정은 브래킷 사이의 거리의 조정, 곧 클릿과 평행한 방향으로 놓여진 글레이징패널 사이의 조인트의 폭을 변경하는데 사용될 수 있다.

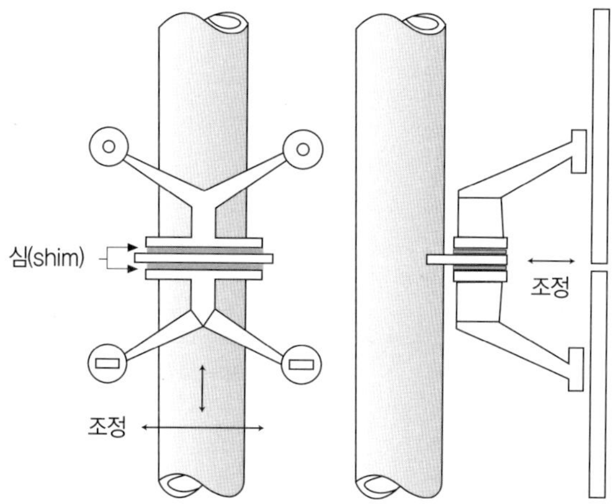

【그림 6.5】 쌍브래킷 스파이더

6.3. 핀브래킷 pin brackets

핀브래킷【그림 6.6】은 스파이더 정렬장치의 변종이다. 핀브래킷은 일반적으로 지지구조물에 있는 클릿과 연결된다. 핀브래킷과 쌍스파이더 상세의 핵심 차이점은 핀브래킷은 고정볼트에 미끄러짐 접합상세를 제공한다는 데 있다. 이러한 정렬장치는 오차조정기능을 향상시키고, 한 방향의 회전을 수용할 수 있다.

글레이징 접합상세는 핀에 대해 회전하도록 설계될 수 있고, 따라서 한 방향으로 글레이징이나 지지구조물에 발생하는 큰 값의 변형을 수용할 수 있다. 연성워셔, 베어링이나 다른 장치들은 나머지 방향에 대한 회전을 수용하는데 필요할 수 있다.

【그림 6.6】에 핀브래킷 상세의 일례를 도시하였다. 이 정렬에서는 핀의 중앙부분의 나사에 의해 고정될 수 있는 원뿔형 부재에 의해 클릿의 어느쪽 면에도

접합할 수 있다. 한 개의 막대(rod)가 클릿의 양쪽에서 각각 핀처럼 기능하므로, 이 두개의 핀은 이 축에 대해 일렬로 정렬된다. 글레이징패널의 고정볼트는 미끄러짐 단부 상세를 사용하여 핀을 따라 조정될 수 있다. 반면에 핀 축의 위치는 클릿에 있는 슬롯구멍이나 과대구멍을 사용하여 수직이나 수평방향으로 조정될 수 있다. 두 개의 핀 축의 상대적인 위치는 글레이징 시스템의 모든 조인트의 폭과 연동하여 조정될 수 있다.

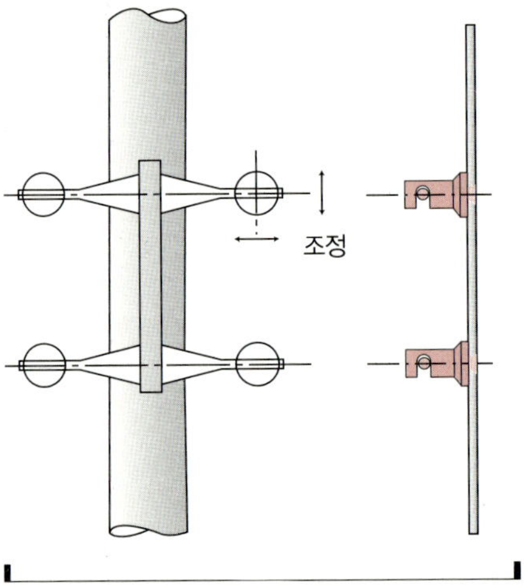

【그림 6.6】 쌍 핀(PAIRED PINS)

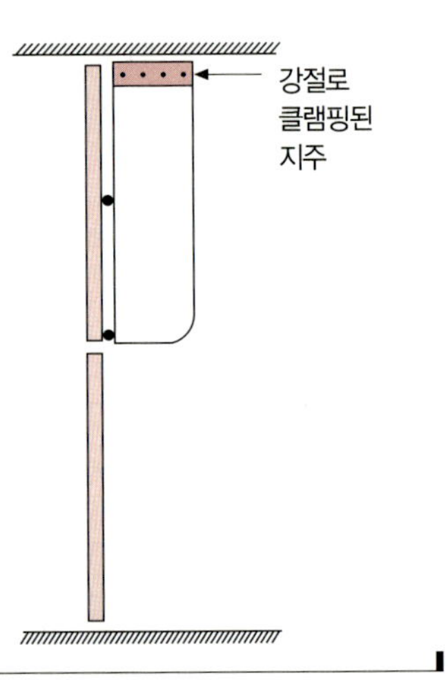

【그림 6.7】 강절로 클램핑된 캔틸레버 유리핀

6.4. 클램핑 장치clamping devices

클램핑 장치는 종종 유리핀(glass fin)과 함께 사용된다. 핀은 풍하중 등에 의한 면외처짐에 저항하는 글레이징패널을 보강한다. 또한 글레이징이 수평 또는 경사지게 사용될 때 핀은 자중에 의한 처짐에 저항하는데 사용될 수 있다.

핀은 보통 볼트접합에 의해 글레이징에 부착된다. 핀은 보통 강판, 앵글과 개스킷, 유리표면 사이의 마찰력에 의해 고정된다. 핀은 양단부가 지지되거나 캔틸레버 형식일 수도 있다.

힘은 견고한 클램핑 장치(일반적으로 앵글 브래킷)를 통해 지지구조물로 전달된다【그림 6.7】.

브래킷은 마찰접합이 이루어져 하중이 볼트의 지압에 의해 전달되지 않도록 정해진 토크값에 따라 볼트를 핀에 조인다【그림 6.8】. 보통 앵글브래킷과 핀과의 접합부에서 오차를 조정할 수 있도록 상세를 만든다. 과대구멍은 핀의 평면방향 조정에 사용되고, 반면에 심(shim)은 핀에 수직 방향 조정에 사용된다.

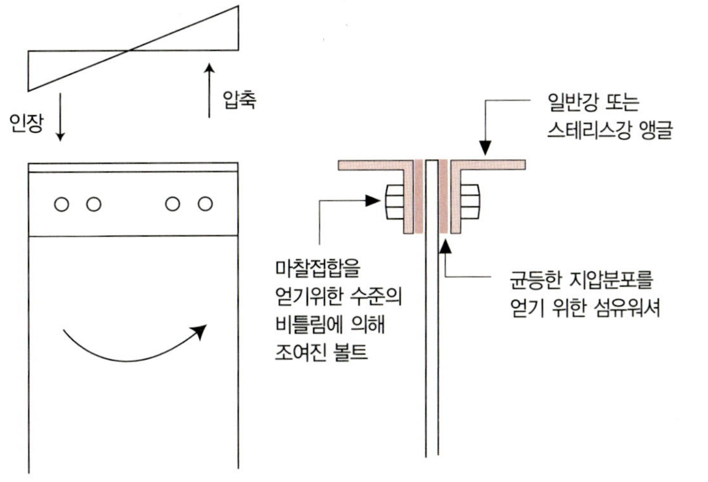

【그림 6.8】 클램핑된 캔틸레버 유리 : 클램프 상세

7. 사례연구

7.1. 워털루 국제 터미널, 런던 Waterloo International Terminal, London

구조엔지니어 : Anthony Hunt Associates
건축가 : Nicholas Grimshaw and Partners

런던에 위치한 워털루 국제 터미널 열차 격납고의 지붕은 400m길이의 유로스타 고속열차가 다니는 5개의 트랙과 플랫폼을 덮는다【그림 7.1】. 지붕은 경간이 최대 48.5m(동쪽 트러스)에서 최소 32.7m(서쪽 트러스)인 일련의 비대칭 3절점아치로 이루어져 있다. 트러스는 튜브로 만들어진 압축부재와 봉(rod)으로 만들어진 인장부재로 구성되어 있다.

서쪽 글레이징 입면

서쪽 입면은 트러스가 바깥에 있고【그림 7.2】, 글레이징이 트러스 아래에 매달려 있다. 글레이징패널은 직사각형이고, 구불구불한 원뿔형상이 가능하도록 조정가능한 지지장치를 사용하였다.

각 글레이징패널(폭은 1.2m, 길이는 3.6m에 이름)은 장변방향으로 고정되어 있는 돌출된 알루미늄 보에 의해 지지된다. 알루미늄 보는 주아치트러스를 안정시키는 각형강관 가로부재(transom) 사이에 수직으로 3.6m길이로 걸쳐있다【그림 7.3】. 특별하게 주조된 스텐리스강 브래킷이 보를 트러스에 연결하기 위해 개발되었다【그림 7.4】. 각 브래킷은 두 개의 방사형 팔을 가지고 있고, 방사형 팔은 인터로킹상세에 의해 가로부재(transom)에 대해 어떤 각도에서라도 견고하게 고정될 수 있다. 브래킷 중앙부에 볼트 1개를 접합해서 트러스부재에 고정한다. 스텐리스강봉을 브래킷 팔에 관통시켜서 온도효과에 의한 부등수평변위와 적재하중과 풍하중에 의한 변위를 수용한다. 또한 이러한 상세는 초기 시공단계에서 어느 정도의 시공오차를 흡수한다. 보의 슬롯구멍은 수직방향의 시공오차 및 변

【그림 7.1】 워털루 터미널의 전경

【그림 7.2】 서쪽 글레이징 입면

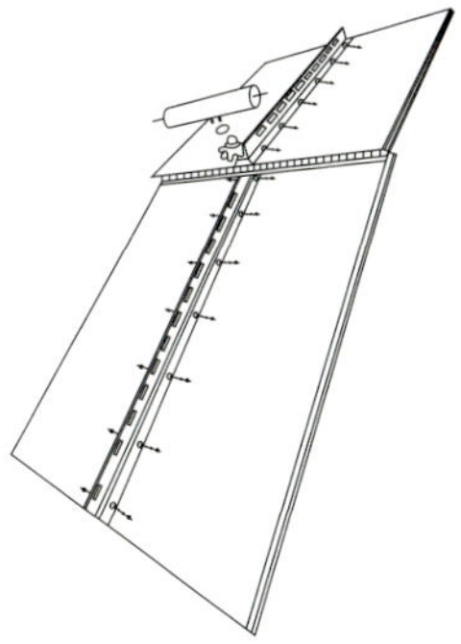

【그림 7.3】 글레이징 상세, 서쪽 입면

【그림 7.4】 스텐리스강 브래킷 상세

위를 흡수한다.

지붕은 55mm까지의 온도변위를 겪는 철근콘크리트 구조물에 지지된다. 또한 800톤의 열차의 진입에 따라 아래쪽으로 11mm의 처짐이 발생하고, 반대로 인접 경간에서는 위쪽으로 6mm의 처짐이 초래된다. 이 터미널의 글레이징시스템은 유리의 파손위험 없이 이러한 모든 변위를 수용할 수 있도록 설계되었다. 각 패널은 사실상 구조물 아래에서 유영하는 셈이고, 콘서티나 고무개스킷(concertina rubber gasket)을 사용하여 인접패널과 실링되어있다.

【그림 7.5】 글래스핀, 동쪽 입면

【그림 7.6】 중앙광장 글레이징

동쪽 글레이징 입면

동쪽입면을 형성하는 장지간 트러스는 바로 위의 글레이징을 지지하는데, 이 글레이징에 의해 지붕조형이 이루어진다【그림 7.5】. 최대 3.6m×1.8m의 유리

【그림 7.7】 다중 스파이더 브래킷

패널을 스테리스강 앵글브래킷을 사용하여 1.8m 간격으로 유리핀(glass fin)에 고정하였다. 다시 이 핀들은 트러스에 연결되어 있고, 글레이징과 작용하중을 지지한다.

중앙광장의 글레이징

길이 50m, 높이 8m의 유리벽이 기존의 워털루역 중앙광장의 남쪽 끝에 설치되어 있는데【그림 7.6】, 아치형태의 열차격납고와 직접 면해 있어서 유로스타열차가 출발하거나 도착하는 것을 조망할 수 있게 한다.

2m×2m의 유리패널의 각 코너에 천공한 후 4방향의 스텐리스강 스파이더 주조물을 관통시켜 76mm 직경의 각형강관 지주에 2m간격으로 볼트접합하였다. 이 지주들은 활시위트러스의 압축재 역할도 한다. 트러스의 인장재는 변단면 테이퍼스트럿을 사용하여 이 지주에 연결된 12mm 직경의 스텐리스강봉이다.

활시위트러스의 스트럿은 유리면을 따라 연속적으로 배치되어 있다. 이는 특수한 다중 스파이더 브래킷을 사용하여 가능하였다【그림 7.7】.

설계를 검증하기 위해 현장작업을 시작하기에 앞서서 가조립과 재하시험이 행해졌다. 내부의 활시위재(인장부재)는 수직방향으로 양중되기 전에 미리 조립하여 가볍게 당겨서 정확한 형태를 만들었다. 그런 다음 외부활시위재가 설치되기 전에 유리를 설치하였다(여기서 외부활시위재는 부풍력에 저항한다). 이 가설상태에서 아무런 횡지지나 가설지지물이 없이도 최대 15m/sec의 풍하중에 저항할 수 있었다. 만일 이 이상의 풍속이 작용하는 조건이었다면 세우기 작업을 중단하고 트러스를 인접비계로 지지하는 조치를 취했어야 했을 것이다.

완성단계에서 정풍력은 내부활시위재 시스템의 인장력으로 저항되고, 부풍력은 외부시스템에 의해 저항된다. 비대칭 불균일 풍하중의 효과도 고려하였는데 지주의 단면사이즈 산정에 지배적인 변수로 반영하였다.

내부와 외부활시위재 인장봉은 시스템의 인장력과 길이를 조정하고, 중앙지주를 정렬할 수 있도록 왼손 및 오른손 나사산을 모두 가진 것을 사용하였다(양방향 변위 조절이 가능).

작은 지름의 단면이 유리중량과 풍하중에 의해 좌굴하는 것을 막기 위해서 높이 방향으로 4.0m마다 지주를 횡지지하는 것이 필요했다. (글레이징에 평행한 면의) 대각타이는 트러스의 단부로 구속하중을 전달한다. 대각타이는 고온에서 과도하게 느슨해지거나 추운 날씨에 과도한 응력을 받는 것을 피하기 위해서 턴버클을 사용하여 프리텐션되어 있다. 동시에 각 지주는 도면상의 위치에 5mm

이내로 정확하게 정렬하였다.

스파이더 고정부는 수직방향으로 ±3mm의 오차로 설치된다. 스파이더 고정부는 단일의 중심볼트에 의해 부착시키고, 미끄러짐은 작은 걸이못(peg)에 의해서 방지된다. 이 걸이못은 스파이더에 미리 뚫어놓은 구멍을 통해서 현장에서 설치한다.

스파이더 주조물의 단부에 있는 과대구멍과 12mm 실리콘 조인트에 의해 글레이징패널의 설치시 허용오차와 온도변형 및 지지구조체의 변위를 수용토록 하였다.

※ 그림 7.1~7.7, Nicholas Crimshaw and Partners, UK 제공(작가 : Mike Otlet 와 David Kirkland)

7.2. P&G 빌딩, 브룩랜드 서리 Proctor and Gamble building- Brooklands Surrey

구조엔지니어 : Anthony Hunt Associates
건축가 : Aukett Associates

이 프로젝트는 두 개의 주 글레이징 부분을 가지고 있다: 메인 아트리움과 거리【그림 7.8, 7.9】.

메인아트리움은 길이가 44m, 폭이 21.6m 이고, 작은 곡률이 도입된 아치형 지붕의 꼭대기의 높이는 15.4m이다.

시가 모양의 주트러스는 4.0m 간격으로 아트리움의 폭방향으로 걸쳐있다. 일부는 아트리움의 경계를 이루는 지붕을 지지하고, 일부는 수직방향의 인장보완기둥(tension assisted column)에 걸쳐있다.

중심간격 1.35m로 설치된 접합유리 중도리(purlin)는 복층유리 평면지붕(12mm 두께의 강화유리로 된 외부층과 두 개의 6mm 두께의 판유리시트 사이에 16mm의 공기층이 있는 접합유리로 이루어진 내부층으로 구성)을 받치는 트러스 사이에 걸쳐있다. 평면 복층유리 아트리움 지붕유닛은 1.35m× 2.08m

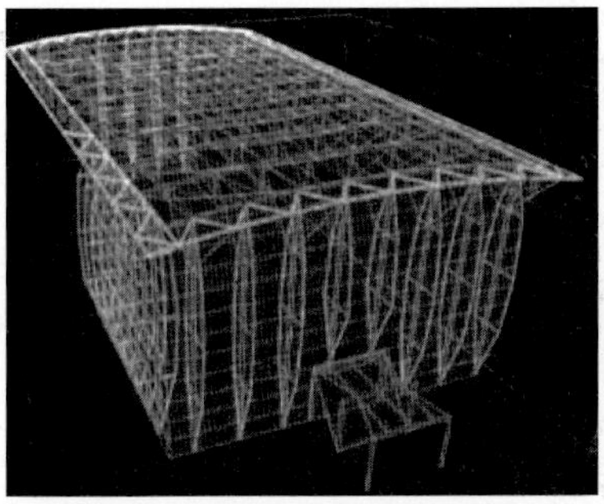

【그림 7.8】 메인 아트리움 : 컴퓨터 모델

【그림 7.9】 메인 아트리움 : 내부

【그림 7.10】 유리지지핀이 받치는 유리지붕

【그림 7.11】 오피스건물 사이의 '거리 연결' 계획안

이고, 6점지지되어 있다【그림 7.10】. 접합유리 중도리는 이중판 클릿을 통해 주트러스에 볼팅되어 있다. 이 유닛은 강재트러스 상부 붐(boom)의 중앙선에서 225mm 위에 설치되어 있다.

지붕에 있는 박스형 유지관리 갠트리레일의 하중은 외부의 2각 스파이더에 의해 지붕구조체에 전달된다. 이 주물 스파이더는 중도리를 유니버셜 조인트가 달린 두 개의 스텐리스강 평판형 상세를 통해 트러스 접합부에 접합할 수 있도록 한다. 이 방식은 글레이즈유닛 사이의 실리콘 조인트를 관통하는 간섭을 없앨 수 있다.

양 박곡면에 위치한 두 개의 각형강관 트러스(지붕선을 따르기 위해 곡률이 도입됨)는 아트리움 지붕에 브레이싱을 제공한다. 이 트러스들은 인장된 스텐리스강 요트견인 케이블을 통해 서로 연결되어 있다.

지붕 글레이징(치수 4.05m×2.7m)은 접합유리핀과 강재 지주와 함께 현장에서 조립된 후 엄격한 실험을 실시하였다.

아트리움의 수직 벽글레이징은 지붕에서 사용된 것과 유사한 평면고정재에 의해 인장보조(tension assisted) 수직기둥에 부착된다. 기둥은 높이가 다양한데 가장 높은 것은 대략 15m 이다.

설계팀은 전기연마 스텐리스강주물을 개발하였다. 이 강주물은 평면고정재를 강구조물에 연결하는 4개의 짧은 원형테이퍼다리를 가지고 있다. 조정은 팔의 단부에 있는 슬롯구멍에 의해 제공된다.

지붕에 사용된 복층유리와 유사하지만 태양광(자외선)차단 코팅이 되지 않은 복층유리를 기둥전면으로 200mm 위치에 설치하였다. 이 복층유리는 스파이더 주물을 이용하여 구조물에 부착하였다. 중앙볼트를 사용하여 기둥에 용접된 테이퍼형 금속제 디스크에 복층유리를 고정하였다. 조정은 스파이더의 중앙에 있는 과대구멍과 볼트의 고정워셔(locking washer)에서 이루어진다.

스텐리스강 인장보조시스템은 유리지붕과 벽체의 자중을 지지하는 것 외에도 아트리움 벽에 작용하는 부풍압에 저항한다. 아트리움에 정풍압이 작용시에는 인장보조시스템의 내부로드가 작용하고, 부풍압이 작용시에는 외부로드가 작용한다. 모든 로드와 단부상세에는 316등급의 스텐리스강이 사용되었다.

인장구조물의 외부는 수직 글레이징이 설치되고 구조물을 일시적으로(부방향 풍압에 저항하도록) 내부비계에 지지시킨 후 설치하였다. 압축력은 외부테이퍼 스트럿에서 외부 스파이더를 거쳐, 평면볼트, 내부 스파이더, 그리고 기둥 순으로 전달된다.

향후 '유리거리(glass street)'를 건설해서 3개의 오피스건물을 하나의 축으로 연결할 것이다. 현재는 작은 섹션이 Phase 1 건물의 아트리움 출입구 역할을 한다. 이 출입구 부분은 네 개의 8.8m 높이 강기둥으로 이루어졌는데, 강기둥은 강재와 알루미늄으로 이루어진 차양을 지지한다.

그림 7. 8, 7.10, Anthony Hunt Associates 제공 / 그림 7. 9 PORTAL UK Ltd 제공

그림 7. 11, Aukett Associates 제공 (작가 : David Hamilton)

7.3. 유리홀, 노이에 메쎄 라이프치히Neue Messe Leipzig

엔지니어와 설계자 : Vongerken Marg and Partner in cooperation with Ian Ritchie Architects

이 유리홀은 라이프치히 박람회장의 참관자들이 통행하는 주 공간이다. 홀의 평면사이즈는 244.75m×70m이고, 꼭대기의 높이는 28m이다【그림 7.11】, 【그림 7.12】와 【그림 7.13】. 글레이징 표면이 차지하는 면적은 2.8 헥타아르(28,000 m^2 또는 7 에이커)에 이른다. 홀은 조절된 외부환경을 제공하고, 유리교를 통해 전시장과 직접 연결된다. 설계목적은 홀을 두 열의 전시장과 컨퍼런스 건물 사이에 있는 조경화된 계곡으로 표현하고, 최대의 투명성을 유지하는 것이다. 이러한 설계목적을 위해 홀은 저철분의 '화이트' 유리를 사용하여 프레임이 없는 글레이징으로 둘러 쌓았다(보통의 플로트유리가 본래의 특징적인 엷

【그림 7.12】 유리외피의 외부 전경

【그림 7.13】 유리외피의 내부 전경

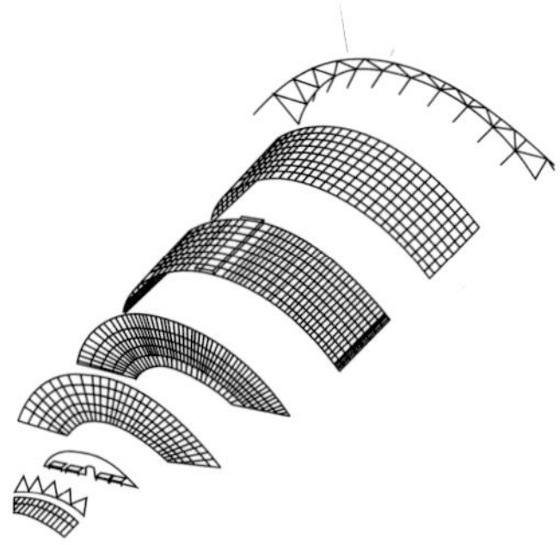

【그림 7.14】 요소의 아이소메트릭 전개도

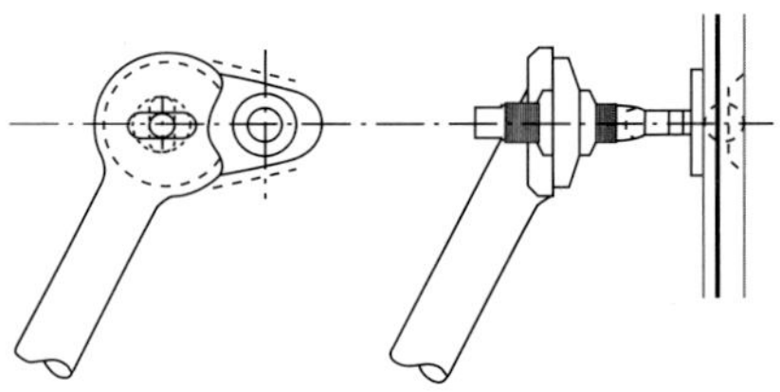

【그림 7.15】 유리패널의 관절형 접합부

은 녹색을 띰에 반해 화이트 유리는 그렇지 않다).

구조물은 최소한으로 줄여서 표면의 15% 이하만 차지한다. 유리는 3.125m²의 각형 격자아래 500mm 위치에 매달려있다. 유리패널은 대략 3.1m×1.55m이고, 두 개의 8mm와 8+10mm 강화유리가 1.5mm의 PVB의 내부층으로 접합되어 만들어졌다.

끝 벽체는 구조적으로 독립되었고, 지반으로부터 캔틸레버된 일련의 상호연결 아치트러스로써 서있다.

주 구조물은 3.125m²의 그리드 쉘 모듈 안에 대략 15mm에 달하는 면내변형을 견딜 수 있다(즉, 정사각에서 마름모꼴로의 변형을 수용가능). 이러한 면내변형은 유리접합부에서 흡수된다. 유리접합부는 위치에 따라 1자유도나 2자유도를 가지는 상세로 고려된다【그림 7.15】. 각 패널당 1개의 접합부만 설치된다.

건물의 길이가 244m에 이르므로 길이방향으로 일반적으로 한 개소나 두 개소의 변위조절 조인트를 필요로 한다. 하지만 모든 조인트가 탄성이고 탄성계수가 작기 때문에 글레이즈 외피의 전체 길이방향을 통해 변위를 분산시킬 수 있었다.

글레이징과 강재품이 동시에 선조립되는 것이 요구되었다. 유리와 구조물 간의 인터페이스는 최대 허용변위의 150%를 흡수할 수 있도록 설계되었다.

사용된 암(arm)형 고정부는 과대구멍의 크기가 작아서 (슬롯접합부를 건축가가 제안했지만 시공자가 수용치 않음) 격자쉘의 면에서만 작은 오차를 허용할 수 있었다. 오차의 대부분은 슬롯과 방사방향의 움직임을 제공하는 팔의 '핑거팁(finger tip)' 접합부【그림 7.13】에서 수용된다. 그리고 이 핑거팁은 하중에 의해서 또는 구조물의 변위에 의해 유리가 회전해서 유리패널에 휨응력을 초래하지 않도록 볼조인트(ball joint) 유리접합부에 연결된다.

이러한 경우의 스텐리스강부품에 대한 자세한 상세는 SCI 출판물인 '건축가를 위한 스텐리스강 가이드(Architects' s Guide to Stainless Steel)' 에 소개되어 있다.

그림 7.12 & 7.13, Ian Ritchie Architects 제공 (사진작가 : Iocelyne Van den Bossche)

그림 7.14, W S Atkins 제공 (작가 : Simon Conolly)

7.4. 브릿지워터 홀, 맨체스터 Bridgewater Hall, Manchester

설계자 : RHWL
글레이즈 벽체 엔지니어 : W S Atkins

브릿지워터홀 극장과 콘서트홀의 출입부는 대형유리벽체로 둘러싸였다【그림 7.16】. 1.5m×2.5m의 유리패널을 독립적으로 지붕의 외주부에 매달린 12mm 지름의 스텐리스강 드롭로드에 매달았다【그림 7.17】. 패널을 독립적으로 매달았기 때문에 패널을 간단히 교체할 수 있고, 패널의 연쇄붕괴 가능성을 없앨 수 있었다.

풍하중은 2.5m 간격의 유리조인트에 위치한 수평방향의 비렌디얼트러스에 의해 저항된다. 철근콘크리트 기둥사이 6m까지 지지하는 정교한 비렌디얼트러스는 중심간격 200mm인 2개의 직경 60mm의 연강재 바를 평판으로 접합하여 만든 것이다.

수직봉의 두번째 세트는 비렌디얼트러스를 정위치시키고 자중과 부풍하중에 의해 아래로 처지거나 좌굴하는 것을 방지한다. 이러한 봉들은 지붕에 매달려 모든 하중조건하에서 합리적인 프리텐션을 확보하기 위한 커다란 스프링으로 일층의 콘크리트 슬래브에 인장 연결된다. 특히 프리텐션으로 인해 지붕에 적설하중이 가해질 때, 봉이 느슨해지지 않도록 한다. 반대로 건물에 하중이 만재되어 있을 때, 캔틸레버 콘크리트 바닥의 처짐과 지붕의 당김의 결과로 인해 강봉은 초과응력을 받지 않는다.

【그림 7.16】 브릿지워터 홀의 입구

【그림 7.17】 스텐리스강봉에 매달린 유리패널

초반의 염려이었지만 지붕외주부의 수직변위는 꽤 작게(패널의 폭에 걸쳐서 3mm 보다 작게) 설정되었다. 드롭로드 지지브래킷의 유연성을 고려해도 이정도로 충분한 것으로 판단하여 추가적인 조치는 취하지 않았다. 더구나 유리패널은 드롭로드에 개별적으로 지지되므로 최악의 경우에 단일패널의 하중이 한 개의 접합부에만 작용해도 큰무리는 없을 것으로 판단하였다. 본구조물의 경우 횡방향 변위는 중요하지 않다. 유리의 변형은 경간의 1/100을 넘지 않도록 설계하였고, 초등처짐공식을 이용하여 평가하였다.

수직오차는 드롭로드에 있는 조정장치에 의해 수용되었다. 비렌디얼트러스의 단부와 콘크리트 기둥과의 접합부에서도 오차를 흡수하도록 배려하였다.

비렌디얼트러스는 먼저 세우기와 정렬, 수평조절을 마친 후, 글레이징을 지지하는 드롭로드를 매달았다. 드롭로드의 설치시에 지붕과 클래딩은 매우 만족스러운 상태를 유지하였다. 그리고 나서 유리를 설치하기 전에 행어고정부의 위치를 정렬하고 수평을 맞추었다. 실리콘 접합작업 전에 수평유리조인트를 확보키 위해 드롭로드를 다시 조정할 필요도 있었다.

그림 7.16 & 7.17, W S Atkins 제공 (작가 : Mike otlet)

부록 A
유리에 대한 기본정보

“본서가 출판될 무렵 유리파사드와 지붕시스템에 대한 설계가이드가 영국 구조기술자협회에서 준비중에 있었다. 그 설계가이드는 좀 더 신뢰할만한 설계정보를 취급할 것으로 예상된다. 구조기술자협회의 설계도서가 출간되면 그 도서를 참고하길 권장한다. 아래 자료는 개념설계의 목적으로만 제시되었고, 구조기술자협회의 책이 출판되기 전에 준비되었다. 특정의 프로젝트에 대해서는 해당 유리의 제작업체가 제공하는 값을 사용해야만 한다. 이 도서의 사용과 관련된 유의사항은 이미 1.3절에서 언급한 바가 있다.”

A.1. 구조 변수

밀도	2.5 tonnes/m^3
영계수	70×10^3 N/mm^2
푸와송비	0.23
열팽창계수	7.75×10^{-6}/K

A.2. 설계두께

서냉유리 annealed glass

유리의 설계두께는 일반적으로 일체유리에 대해 BS 952에서 명기한 허용오차에 의거한 최소한의 두께이다. 【표 A.1】에 영국에서 일반적으로 구할 수 있는 공칭두께의 값들을 열거하였다.

강화유리 toughened glass

강화유리는 서냉유리로 만들기 때문에 서냉유리의 설계두께와 같다.

접합유리 laminated glass

설계두께는 하중과 온도의 지속시간에 좌우된다. 내부층의 두께는 고려하지 않는다.

단기하중 (예를 들어, 풍하중, 사람의 행위가 유발하는 하중)과 적설하중

설계 두께 $t_d = \Sigma(t_i)$

여기서, t_i는 각 유리판의 설계 두께이다.

장기하중 (예를 들어, 바닥, 선반, 수족관, 자중+)

처짐에 대해서 : 설계두께 $t_d = \sqrt[3]{\Sigma t_i^3}$

강도에 대해서 : 설계두께 $t_d = \sqrt[2]{\dfrac{\Sigma t_i^3}{t_m}}$

여기서, t_m은 가장 두꺼운 유리판의 설계두께이다.

+ : 계산의 편의를 위해서 유리의 자중이 적설하중과 조합되는 경우에는 통상 단기하중에 대한 계산식으로 설계두께를 산정한다.

【표 A.1】 일반적인 유리타입의 두께

유리 종류	공칭두께, mm	설계두께, mm
플로트 유리 (강화유리에 사용)	3*	2.8*
	4	3.8
	5	4.8
	6	5.8
	8	7.7
	10	9.7
	12	11.7
	15	14.5
	19	18
	25ˣ	24ˣ
패턴유리	4	3.5
	6	5.5
망입유리(모든 종류)	7.7	7.35

*강화유리로는 가용치 않음, ˣ대부분 가용치 않음

A.3. 설계의 기초

예비설계나 개념설계를 수행하기 위해서 다음 사항들이 고려되어야 한다:

① 장기하중에 대한 하중계수는 종종 2.6이 적용된다(적설하중은 장기하중으로 간주한다). 적설하중과 유지하중을 조합할 필요는 없다. 이러한 높은 하중계수가 강화유리에 쓰이는 것에 대해서는 논쟁의 여지가 있다. 하중이 장기간 작용해도 강화유리 표면에 인장응력이 유발되지 않는다면 장기하중의 불리한 효과가 없기 때문이다.

② 제조상의 허용오차를 감안하여 유리의 최소두께가 사용되어야 한다.

③ 처짐은 반드시 검토되어야 한다. 한계응력 수준에서의 처짐은 강화유리가 서냉유리에 비해 더 클 것이다. 또한 유리가 모든 모서리에서 지지되지 않는다면 처짐은 더 클 것이다.

④ 접합유리는 단기하중에 대해서는 전체두께와 같은 단일유리로 간주되지만, 장기하중에 대해서는 내부층의 크립 발생가능성을 감안하여 개개의 유리판으로 간주된다.

⑤ 복층유리의 판은 강성에 비례하여 하중을 분배한다. 연속실링되지 않은 이중글레이징시스템의 각 유리판은 각각 정풍압과 부풍압에 대해 설계되어야 한다.

유리판에 수직한 하중에 의한 처짐이 판두께에 비해 클 때, 초등휨이론은 4변 지지된 얇은 판의 응력을 과다산정한다. 대변형을 고려한 공식을 사용하여 보다 정확한 결과를 얻을 수가 있다. 본서에서 소개하는 것은 보수적인 약산법과 예비설계이기 때문에 복잡한 해석식을 도입하지는 않았다. 부록 A.4에 있는 응력 값은 초등휨이론이 사용해서 얻어진 것이다.(제조업체와의 자문에 의해) 보다 정확한 응력해석을 하면 이 응력값은 증가할 수도 있다.

강화유리와 배강도유리는 서냉유리보다 상당히 강하지만 탄성계수는 같다. 따라서 강화 및 배강도 유리판의 설계는 종종 처짐에 의해 결정된다.

유리의 이론적인 인장강도는 매우 높지만, 실제적으로 인장강도는 표면의 결함이나 흠에 의해 시작된 취성파단에 의해 좌우되므로, 매우 낮은 수준의 응력에서 파괴가 일어난다. 유리표면의 조건의 불확실성 때문에 두 개의 공칭상 동일한 유리판의 강도가 상당히 다를 수 있음을 의미한다.

플로트유리의 휨강도는 장기하중 작용시 단기하중 작용시에 비해 현저히 낮다. 장기하중 하의 상대적인 강도는 단기하중 하의 강도의 3/8이다(BS 5516). 이러한 낮은 강도는 미시적 수준에서 응력침식(stress corrosion)에 의해서 발생하는 응력집중에 의한 내하력의 손실 때문이라고 추정된다.

A.4. 허용응력(단기하중)

단기하중(예를 들어, 풍하중이나 인간의 행동에 의한 하중)하의 유리설계에 대해 영국에서 현재 사용되는 허용응력이 【표 A.2】에 제시되어있다. 영국 외의 설계자들은 이러한 수치들을 사용할 수 없다.

접합유리의 허용응력은 사용된 가장 약한 유리 종류와 두께에 좌우된다. 또한 허용응력은 다양한 지역에 존재하는 풍하중기준과 관련된다.

강화유리의 허용응력은 재료강도학의 이론에 의해 추정되는 값보다 낮다. 그렇지만 강화유리의 경우 처짐이 커지는 경향이 있으므로(특히 4변이 모두 지지되어 있지 않을 때) 여분의 강도를 활용할 여지가 거의 없다.

【표 A.2】 (영국에서 일반적으로 쓰이는) 유리의 허용응력

유리 종류	패널부 응력 N/mm^2	패널변 응력 N/mm^2
플로트유리 < 6 mm	41	28
플로트유리 8 mm	34.5	22.9
플로트유리 < 10 mm	28	17.8
패턴유리	27	27
망입유리	21	21
강화유리(모든 종류 또는 두께)	59	59

A.5. 허용응력(장기하중)

유리에 적용되는 장기하중에 대한 영국의 일반적 허용응력을 【표 A.3】에 정리하였다.

【표 A.3】 유리의 (장기하중에 대한) 허용응력

하중 종류	서냉유리 N/mm^2	강화유리 N/mm^2
풍하중	단기허용응력/2.6	단기허용응력/2.6
물과 선반하중	7	35
바닥하중	8.4[(1)]	35
자중	조합되는 하중종류에 따르거나, 자중만 검토시는 7을 사용한다.	조합되는 하중종류에 따르거나, 자중만 검토시는 35를 사용한다.

※ (1) 장기하중에 대한 허용응력은 패널과 패널모서리에 모두 적용. 단 모든 모서리를 완전지지하는 경우에만 사용되는 바닥의 서냉유리는 제외

A.6. 처짐 한계

유리가 파괴되지 않고 하중을 지지할 수 있다면, 유리의 처짐이 제한되어야 할 특별한 구조적인 이유는 없다. 그러나, 유리는 대중이 미심쩍어하는 재료이다. 유리가 과도하게 처지면(얇고 강한 재료로 된 큰 판들은 쉽게 변형할 수 있다), 근처의 사람들에게 불안을 야기할 수 있다.

특별한 상황에서는 보다 엄격한 처짐 한계가 적절할 수도 있다. 대신 유리패널이 사람들과 꽤 떨어져 설치되어 있다면 이 경우에는 처짐 제한을 크게 완화할 수 있을 것이다.

참고문헌

1. BADDOO, N., BURGAN, R. and OGDEN, R.
Architects' guide to stainless steel
The Steel Construction Institute, 1997

2. BRITISH STANDARDS INSTITUTION
BS 6399: Loadings for buildings
Part 2: Code of practice for wind loads
BSI, 1997
(This is a technical revision ofCP3 Ch V: Part 2: 1972 which will be withdrawn latter)

3. BUTTON, D and PYE, B.
Glass in building
Guide to modern architecture glass performance
Butterworth, 1994

4. OGDEN, R. G.
Curtain wall connections to steel frames
The Steel Construction Institute, 1992

5. RICE, P. and DUTTON, H.
Structural glass (Second edition)
E & FN SPON, English language edition, 1995

6. THE BRITISH CONSTRUCTIONAL STEELWORK ASSOCIATION and THE STEEL CONSTRUCTION INSTITUTE
National Structural Steelwork Specification for building construction. (3rd edition)
BCSA/SCI, 1994

7. BRITISH STEEL TUBES & PIPES
Hot finished structural hollow sections
UK Edition, 1966

강구조 글레이징 시스템 - 정가 10,000
Steel Supported Glazing Systems

초판 _ 1쇄 발행 2009년 12월 1일
펴낸곳 _ RIST 재)포항산업과학연구원
홈페이지 _ RIST - www.rist.re.kr / RIST 강구조연구소 - ss.rist.re.kr
책임감수 _ RIST 강구조연구소 / 서울대학교 이철호 외
번역 _ RIST 강구조연구소 - 장인화, 김진호, 백승경, 정미영, 하태휴
서울대학교 건축학과 - 이철호, 김정재, 안재권, 한규홍
부산대학교 건축학부 - 오상훈, 박해용
고려대학교 건축사회환경공학부 - 주영규, 박세호
편집디자인 _ 씽크 커뮤니케이션즈 T.02.3444.1437
출판사 _ 구미서관 - www.goomibook.com T.02.333.1101
출판등록 _ 1979년 6월 29일 No.9-6호

ISBN 978-89-8225-747-6(93540)